Vitus B. Dröscher

EIN KROKODIL ZUM FRÜHSTÜCK

Verblüffende Geschichten
vom
Verhalten der Tiere

Econ Verlag
Düsseldorf · Wien

Zeichnungen von Wilhelm Eigener

1. Auflage 1980

Gesetzt aus der Sabon der Linotype GmbH
Satz: Zobrist & Hof AG, CH-Pratteln
Papier: Papierfabrik Schleipen GmbH, Bad Dürkheim
Druck und Bindearbeiten: May & Co, Darmstadt
Printed in Germany
ISBN 3 430 12192 2

Inhalt

X. Wie Tiere zu Freunden wurden

I.

Spaßvögel, Schelme und Komiker

1. Fazi, der Ausbrecherkönig

Morgens gegen fünf Uhr schrillte das Telefon am Bett des Zoodirektors: »Kommen Sie schnell, Herr Doktor! Der Fazi ist schon wieder ausgebrochen!«

Fazi muß ein besonders »genialer« Rhesusaffe gewesen sein. Drei Nächte zuvor war er schon einmal vom Affenfelsen entwischt, ohne daß jemand sagen konnte, wie er das angestellt hatte. Und was gab es für ihn Schöneres als die Freiheit ... und die Möglichkeit, die Menschen zu ärgern!

Zu Anfang sprang er noch brav auf die Schultern von Zoobesuchern und ließ sich füttern. Doch nur zu bald wurde er keß. Damen zerwühlte er die Frisur, würdige Herren zog er am Schlips und genoß den Lacherfolg beim übrigen Publikum.

Wenn er satt war, spielte er »alte Damen erschrecken«. Er versteckte sich in einem Baum, dessen Äste über einen Weg ragten, und sprang den Ahnungslosen wie der Teufel aus der Kiste ins Genick, woraufhin diese teils laut schreiend davonliefen, teils lautlos in Ohnmacht sanken.

Dann bekam er spitz, wie er noch durchschlagendere Wirkung erzielen konnte. Er versuchte, Zoobesuchern Handtaschen und Fotoapparate zu stibitzen. Das gab ein Geschrei in der Menge! Manchmal versuchte ein energischer Herr, sich so etwas von einem kleinen »blöden« Affen nicht bieten zu lassen und veranstaltete ein Tauziehen um die wertvolle Kamera mit ihm.

Doch ... schwupps, ein Biß in die Hand, und schon war Fazi Sieger, schwang sich mit dem kostspieligen Apparat in den nächsten Baum und schleuderte ihn wie eine Kokosnuß zurück in das johlende Publikum – nicht jedoch, ohne zuvor in aller Seelenruhe abgewartet zu haben, bis sich eine lohnende Menschenmenge angesammelt hatte.

Auf dem Schreibtisch des Direktors stapelten sich die Schadensersatzansprüche. Fazi mußte also so schnell wie möglich wieder zurück auf den Affenfelsen.

Ein Trupp zum Äußersten entschlossener Tierwärter begann die Fangexpedition. Fazi erwartete sie im Wipfel der höchsten Buche. Drei Mann quälten sich dort, wo der Rhesus mit affenartiger Geschwindigkeit hinaufgeflitzt war, in zwanzig Minuten mühsam hoch. Einer hätte sich fast das Bein gebrochen.

Endlich waren die Fänger heran. Doch Fazi machte nur ganz lässig einen Sieben-Meter-Sprung ... und saß höhnisch keckernd in der Krone der benachbarten Kastanie.

Nun rückte eine Kompanie der Bundeswehr an. Wagemutige Fallschirmjäger besetzten alle Bäume ringsum. Und schließlich hatten sie den Ausreißer.

Mit kriminalistischem Scharfsinn untersuchten nun die Tierwärter die Affenfreianlage auf eine undichte Stelle. Auf welchem Wege hatte Fazi überhaupt entkommen können? Und warum war nur er allein entflohen? Aber nirgends fand der Suchtrupp ein Loch, nirgends eine Brücke, kein Seil weit und breit. Man stand vor einem Rätsel. Schließlich setzte man Fazi doch wieder zu seinen Genossen.

Das war vor drei Tagen geschehen. Und nun der erneute Schreckensruf: »Fazi ist wieder ausgebrochen!«

Der wachhabende Wärter war eingeschlafen, hatte nichts gesehen. Und nun war man zum Malheur auch noch genauso schlau wie zuvor.

Erneut rückte die Bundeswehr an, jedoch nicht ohne den Hinweis, daß dies das letzte Mal sei. Geschähe es wieder, könne sich der Zoodirektor seinen Affen selber fangen.

Als Fazi abermals auf den Felsen zurückgebracht worden war und die Suche nach dem Fluchtweg ein weiteres Mal erfolglos abgebrochen werden mußte, legte sich der Zoodirektor mit zwei zuverlässigen Wärtern in der folgenden Nacht in einem Versteck auf die Lauer.

Was diese drei im Morgengrauen erlebten, verschlug ihnen die Sprache:

Während die anderen fünfzig Rhesusaffen noch im Inneren des Betonfelsens fest schliefen, steckte Fazi plötzlich seine Nase zur Türklappe heraus. Als er glaubte, die Luft sei rein, kam er hervor, flitzte zu einem Versteck in einer Felsennische und holte eine Banane hervor.

Tags zuvor muß das raffinierte Tier diese milde Besuchergabe eigens zum Zweck eines erneuten Ausbruchsversuches zurückbehalten und vor den anderen Affen am sicheren Ort versteckt haben. Sogar die Wärter, die ihn tagsüber dauernd beobachtet hatten, konnten sich nicht erinnern, dies bemerkt zu haben. Doch konnte eine Banane überhaupt als Ausbruchswerkzeug dienen?

Freudig beschwingt hopste Fazi mit der Banane zu dem breiten Wassergraben, der die Affenanlage vom benachbarten Elchgehege trennt, und schwenkte den Leckerbissen wild in der Luft umher – wie ein Schiffbrüchiger das Taschentuch.

Tatsächlich raffte sich am gegenüberliegenden Ufer einer der großen Elche auf, watete in den Wassergraben hinein und schwamm bis zur Trennmauer an den Affen heran. Schnell steckte ihm der ebenso schlaue wie wasserscheue Fazi die Banane ins Maul, als Fahrgeld sozusagen, sprang über die Mauer auf den breiten Rücken des Elchs und ließ sich mit diesem »Fährschiff« ins Nachbargehege übersetzen.

Von hier aus war die Flucht in die Freiheit nur noch ein Affenkinderspiel.

Wenn Frechheit ein Zeichen geistiger Regsamkeit ist, so bestimmt in diesem Fall: Fazi hatte von den Menschen das Tierefüttern gelernt und bei seinen raffinierten Ausbruchsversuchen sinnvoll angewendet.

2. Elefanten treiben Schabernack

Endlich, während der Badefreuden im ostafrikanischen Galanafluß, erspähte das einjährige Elefantenkind Poldy die Gelegenheit, seinem Erbfeind, dem zwei Jahre älteren Bombastus, eins auszuwischen. Jener stand gerade nur auf drei Beinen im Wasser und kratzte sich mit der vierten »Säule« den Bauch. Da rammte ihn Poldy mit voller Wucht, so daß er strampelnd und spritzend ins Wasser fiel.

Doch kam Bombastus schneller wieder hoch, als Poldy gedacht

hatte, erwischte ihn und drückte ihn mit der Masse seines Leibes ganz unter Wasser. Aber Poldy streckte schnell seinen Rüssel wie einen U-Boot-Schnorchel nach oben und konnte es so eine ganze Weile aushalten.

Dennoch kränkte ihn die Schmach sehr. Als er wieder frei kam, spürte er daher das unbändige Verlangen, es irgendwem heimzuzahlen. Aber wem?

Da erblickte er am Flachufer eine Schar von sechs Perlhühnern, die, möglichst ohne sich die Füße naßzumachen, tropfenweise tranken. Drei Meter vor ihnen kniete sich Poldy nieder. Vor Elefanten haben Vögel ja keine Angst. Dann schob er im trüben Wasser behutsam seinen Rüssel gegen die Hühner vor und pustete und spritzte plötzlich aus Leibeskräften.

Das Hochwirbeln, das Geflatter und Gegacker des Federviehs erfreute das Elefantenkind so sehr, daß es triumphtrompetend im Kreise galoppierte und mit den Ohren schlackerte.

Schadenfreude ist doch die reinste Freude, auch bei Tieren.

Professor Heinrich Hediger sieht in diesem Element des Lächerlichmachens eine Hauptwurzel des Komischen, das wiederum die vormenschliche Basis zum Humor bildet.

Die momentane Eingebung Poldys, Schabernack mit den Perlhühnern zu treiben, kam für ihn einer Erfindung gleich, mit der er sich bei Gelegenheit herzerfrischende Belustigung verschaffen konnte. Sah er auf einem Ast einen Vogel arglos sitzen, walzte er wie zufällig in dessen Nähe und düste ihn plötzlich mit seinem Nasenschlauch in die Luft.

Eines Tages versuchte er die gleiche Neckerei mit einem Trupp von Steppenpavianen. Doch diese betrachteten sein Blasrohr mehr als angenehmen Ventilator. Enttäuscht blieb Poldy stehen und schien nachzudenken. Dann trollte er sich zur nahen Tränke und kam, was natürlich niemand sehen konnte, mit einer Ladung von zehn Litern Wasser im Rüssel zurück. Mit allen Anzeichen diebischer Freude spielte er sodann »Wasserwerfer unter Demonstranten«.

Doch das hätte er lieber nicht tun sollen, denn die Affen rächten sich auf ihre Weise. Als kurz darauf Poldy im Schatten einer Schirmakazie eingeschlafen war, schlich ein Pavian herbei und hielt dem Elefantenkind beide Nasenlöcher an der Rüsselspitze zu.

Vor Schreck schlug Poldy einen seitlichen Purzelbaum und trompetete Alarm. Sofort eilten alle erwachsenen Elefanten der Herde hilfsbereit herbei, konnten aber keinen Feind entdecken, da der Affe schon längst im Astwerk des Baumes verschwunden war. Poldys Mutter dachte offenbar, ihr Sohn hätte ihr wieder einmal einen üblen Streich gespielt und brannte ihm mit dem Rüssel klatschend eins über das Gesäß.

Am nächsten Tag trottete Poldy abermals in den Schatten eines Baumes und begann dort, so richtig behaglich vor sich hin zu dösen. Plötzlich sprangen aus dem dichten Laub an die sechs Paviane überfallartig auf den kleinen Jumbo, hüpften auf seinem Rücken wie auf dem Trampolin, hangelten an seinen Schlappohren und benutzten seinen Schwanz als Kletterseil.

Der zu Tode erschrockene Poldy rotierte wie wahnsinnig im Kreise, so daß dies alles für einen Augenblick wie ein Kettenkarussel aussah. Dann waren seine Plagegeister mit wahrhaft affenartiger Geschwindigkeit wieder verschwunden. Seither hat Poldy nie mehr auch nur den Versuch unternommen, Paviane zu ärgern.

In der Schelmerei sind Affen den Elefanten doch überlegen.

Aber mit Bombastus, seinem liebsten Feind, hatte Poldy noch eine Rechnung zu begleichen. Wohlweislich wartete er diesmal mit seiner Rache bis nach dem Bade.

Pieksauber versammelte sich die Herde um Ufer und stand, noch unschlüssig, was nun getan werden solle, beisammen. Da bemerkte Poldy, daß Bombastus unmittelbar neben einem großen erwachsenen Elefanten stand. Behutsam pirschte er sich an die andere Körperseite des gewaltigen Tieres heran, so daß Bombastus ihn nicht bemerkte. Dann schlängelte er seinen Rüssel eng um die Vorderbeine des großen herum und prustete seinem Spielfeind eine volle Ladung Staub und Dreck gegen den Kopf.

So eine Elefantennase hat ja den unschätzbaren Vorteil, daß man damit ungesehen um die Ecke »schießen« kann.

Natürlich dachte der verdatterte Bombastus, der große Elefant hätte ihm diesen Streich gespielt, konnte sich keinen Reim darauf machen, weshalb, und verließ, empört protestierend, den Ort, um sich abermals im Fluß zu säubern. Selten war Poldys Rache so süß gewesen wie an jenem Tag.

Diese Beispiele sind typisch. Denn wenn wir uns im Tierreich nach den Wurzeln des Komischen umschauen, stoßen wir in erster Linie auf derbe Späße, mit denen anderen ein zwar nur geringfügiger, aber ihn lächerlich machender Schaden zugefügt wird. In jedem Fall aber hat der Witzbold seine helle Freude daran. Das läßt tief blicken.

3. Delphine sind bessere Hausfrauen

»So ein Mist!« schimpfte der Taucher im Port-Elisabeth-Ozeanarium. Er sollte den Boden des großen Beckens mit einem Unterwasserstaubsauger reinigen. Aber hier und da waren Tangbüschel festgewachsen und ließen sich nicht entfernen.

Keine drei Minuten sah sich der neu eingetroffene Delphin Daan dies mit neugierigen Augen an. Dann stieß er den Menschen sanft, aber bestimmt zur Seite, nahm das Saugrohr zwischen die Zähne und betätigte sich als »Parkett-Kosmetiker«.

Natürlich konnte auch Daan die Tangbüschel nicht wegsaugen. Aber er gab nicht so schnell auf wie der Mensch. Er schnappte sich einen kaputten Dachziegel, der am Boden lag, und hobelte damit die Wasserpflanzen ab, bevor er sie mit dem Sauger entfernte.

Delphine sind also bessere Hausfrauen!

Einige Wochen zuvor hatte das Weibchen Daan ein Baby bekommen. Dolly, so wurde es genannt, erregte sich eines Tages sehr, als sie hinter der Unterwasser-Glasscheibe einen Zoobesucher entdeckte, der eine dicke Zigarre qualmte.

Dolly gelüstete es sofort, ihm das Rauchen nachzumachen. Aber wie?

Da hatte das Delphinkind eine geniale Idee. Es schwamm zu seiner Mutter, holte sich ein Maul voll Milch und »paffte« diese unter Wasser wie eine Rauchwolke gegen die Sichtscheibe, hinter der sein Vorbild stand: »Ätsch! Das kann ich auch!«

Ein Delphinkind, das ein Mensch sein wollte!

Delphine sind also zu einer feineren, gleichsam höheren Form von Humor fähig als Affen und Elefanten, und dieser Scherz zeigt mehr als nur Schadenfreude.

Delphine können durch Zuschauen lernen, ein »Kunststück« gleich auf Anhieb richtig nachzumachen, ja, sie können sogar im »Sinne des Erfinders« besser arbeiten als das Vorbild und obendrein auch noch das Geschehene in die ihnen offenstehenden Möglichkeiten übersetzen wie beim »Rauchen mit Milch«.

Welch erstaunliche tierische Intelligenzleistung dahintersteckt, kann nur der ermessen, der selber versucht hat, Tieren etwas beizubringen. Einen Zirkuselefanten, der auch schon als sehr klug gilt und dem man den Handstand einstudieren will, muß man an die vierzigmal mit dem Flaschenzug hinten hochziehen, ehe er kapiert hat, was er tun soll. Daß Struppi seinem Herrchen morgens die Zeitung an den Frühstückstisch bringt – diese Leistung schaffen nur wenige Hunde (und Herrchen!).

Doch die Weisheit der Delphine geht noch viel weiter. Eines Tages geschah im Delphinarium eine Sensation. Allerdings war die Tierlehrerin Linda Sodini die einzige, die sie bemerkte: Während der ganzen Vorstellung führte Daan die Kunststückchen vor, die eigentlich Palomas Programmnummern waren, also die der anderen Delphinin. Keinen Moment begriffsstutzig, revanchierte sich diese, indem sie Daans Schau abzog.

Nicht das Können ist das Problem bei diesen hochintelligenten Tieren, sondern sie dazu zu bringen, daß sie auch das zeigen, was sie können.

Dazu brauchen Delphine viel Liebe. Linda wußte, daß diese Tiere sich untereinander mit den Flossen beklatschen und aneinanderschmiegen, wenn sie sich liebhaben. Also stieg sie oft zu ihnen ins Wasser und tätschelte Daan, Paloma und Dolly und ritt auf ihnen durchs Bassin.

Einmal aber war der Teufel los. An die 500 Zuschauer warteten auf die Vorstellung. Die erste Nummer klappte auch programmgemäß. Aber dann: anstatt artig durch den Reifen zu springen, klatschte Daan so stark aufs Wasser, daß die Leute in den vorderen fünf Reihen klitschnaß wurden. Anstatt einen Ball zu jonglieren, glitschte Paloma aufs Trockene und schubste Linda ins Bassin.

Das Eintrittsgeld mußte zurückgezahlt werden. Zu spät erkannte Linda die Ursache des Streiks: Die Heringe, die beide Delphine zur Belohnung für die gut gelungene erste Vorführung bekommen hatten, waren von gestern!

4. Kolkraben angeln Fische

Als Tierarzt Dr. Olde Bökmann morgens früh gegen halb fünf Uhr zur Koppel seiner Reitstute kam, traute er seinen Augen nicht. Da nahm bereits ein anderer Reitstunde auf seinem Pferd: Ein Kolkrabe landete auf dem Rücken der Stute, gab ihr mit Schnabelhieben »die Sporen«, und ab ging's im vollen Galopp.

Allerdings saß der Rabe nicht fest »im Sattel«. Bei jedem Auf und Ab wurde er gut dreißig Zentimeter hoch in die Luft geschleudert, landete aber stets wieder sicher auf dem Rücken des Pferdes.

Einige Minuten später flatterte ein Schwarm von weiteren sechs Jungraben heran, landete ebenfalls hoch zu Roß, und nun ging eine Hoppelei los, daß sich Olde Bökmann vor Lachen kaum halten konnte. Nach links, rechts und hinten stürzten die schwarzen Reiter vom bockenden Pferd, fingen sich aber im Fluge ab und versuchten immer von neuem aufzusitzen.

Dieses Raben-Rodeo war ein Teil der Geschicklichkeitsspiele, die diese intelligenten Vögel in ständig neuen Variationen erfinden, um den Anführer des Halbstarkenschwarmes zu ermitteln. Wer sich hierbei am erfindungsreichsten und am geschicktesten erweist, wird Boß.

Der solchermaßen ständig trainierte Erfindergeist und die unbändige Neugier befähigten einst die Kolkraben dazu, neue Nahrungsquellen zu erschließen und damit die verschiedenartigsten Lebensräume auf nahezu der ganzen nördlichen Erdhalbkugel zu besiedeln.

Auf den Vogelinseln der Nordmeere und an den Küsten Grönlands ernähren sie sich wie die Raubmöwen von der Brut anderer Seevögel. In den Steppen und Halbwüsten Afrikas segeln die Raben wie Aasgeier in großen Höhen, um nach verendetem Wild zu suchen. In den landwirtschaftlich genutzten Gebieten Nordamerikas, Europas und Asiens fressen sie wie Falken und Bussarde Mäuse, Insekten und Niederwild.

Während des Altertums und des Mittelalters kamen sie dahinter, daß jenes baumelnde Etwas, das am Galgen hing, ebenfalls für sie genießbar war. Worte wie »Galgen-Vogel« oder »Pech-Vogel« haben hier ihren Ursprung. Den Germanen wurde der Rabe zum Symbol des Jenseitigen. Als Wotansvogel verehrten sie ihn.

Ein Grund mehr für die im 9. Jahrhundert vordringenden Christen, den schwarzen Boten der heidnischen Götter in der Volksmeinung in Verruf zu bringen. Die Redensart von den »Rabeneltern« stammt aus jener Zeit, obwohl die Raben in Wirklichkeit zu den liebevollsten, bemühtesten und sich am meisten für ihre Kinder aufopfernden Tiereltern gehören.

Dennoch ist dieser Ruch des kinderfeindlichen Leichenfledderers, verbunden mit seiner Vorliebe für Niederwild, die Ursache seiner Ausrottung in der Bundesrepublik. In Schleswig-Holstein leben noch einige Paare, und nur in den Alpen sind sie noch häufiger anzutreffen. Gegenwärtig versuchen Mitglieder des Deutschen Bundes für Vogelschutz, ihn wieder im Rheinland anzusiedeln.

Während für das Aussterben vieler anderer Vogelarten die Umweltvergiftung, die Kultivierung der Landschaft und das Vordringen der Zivilisation verantwortlich sind, kann man das beim Kolkraben nicht behaupten. Überall dort, wo er nicht geschossen wird, nimmt seine Bevölkerungsdichte gegenwärtig rapide zu.

Auf den Vogelinseln der Nordmeere wird der Rabe derzeit zu einer ernsten Gefahr für Lummen, Papageientaucher und andere Alken. In der DDR sieht man den dort geschützten Raben während des Winters schon wieder in Schwärmen bis zu 300 Vögeln auf Müllplätzen aasen.

Dort zeigt sich auch, wie hervorragend sich dieses intelligente Tier gerade an Errungenschaften der Zivilisation anpassen kann. Ziel seines Erwerbsstrebens ist unter anderem eine brandenburgische Enten-Großmästerei. Täglich dringen die Raben durch kleine Fenster, Luftschächte und auf anderen geheimen Wegen in die Massenfarm ein und holen sich Entenküken.

Ständig kreisen »Spitzel« über der Farm, um mit heiserem Krächzen zu melden, wenn die Luft rein ist. Und während die »Einbrecher« bei der Arbeit sind, stehen andere Raben Schmiere, um ihre Kumpane zu warnen, wenn Menschen kommen.

Aber auch in Oberbayern verstehen es die Kolkraben, vom Wohlstand der Menschen zu profitieren. Das Küchenpersonal eines Hotels in der Nähe von Garmisch pflegt jeden Abend gegen 18 Uhr die vertrockneten und harten Brötchen auf einen Abfallhaufen hinter dem Haus zu werfen. Bereits zehn Minuten vor der Zeit finden sich zwei Kolkraben auf dem Dach ein, um auf die Brötchen zu warten. So hervorragend funktioniert ihr innerer Zeitsinn, ihre physiologische »Uhr«.

Aber sie fressen die Brötchen dann keineswegs im harten

Zustand. Vielmehr nimmt jeder Vogel ein Brötchen in den gewaltigen Schnabel und fliegt damit zur nahen Loisach! Dort stippt er seine Beute so lange ins Wasser, bis sie schön aufgeweicht ist und mit doppeltem Genuß verzehrt werden kann.

Aber damit noch nicht genug des Erfindergeistes. Eines Tages muß einem dieser Raben ein Brotbrocken ins Wasser gefallen sein. Im gleichen Augenblick, in dem der große Vogel nach dem Krümel picken wollte, stieß auch ein Fischlein danach, und schon hatte der Rabe Frischfisch im Schnabel, der natürlich noch besser als gestipptes Brot schmeckte.

Seither benutzen die beiden Raben ihre Brötchenreste erst einmal zum »Angeln«. Sie werfen ein Stückchen in den Bach, fliegen nebenher, warten, bis ein Fisch danach schnappt, und fassen dann den Fisch mitsamt dem Brot.

Dies ist eine Leistung, zu der sonst nur noch Affen fähig sind, die klügsten Geschöpfe der Tierwelt. Wie diese Beispiele zeigen, stehen die Raben den Affen an Klugheit nicht nach. Das ist es, was sie einst zu den erfolgreichsten Tieren der Welt werden ließ, bis der noch erfolgreichere Mensch kam und ihre Konkurrenz beim Erbeuten von Niederwild fürchtete.

Ob sie nun überzählige Beute in raffiniert ausgesuchten Winkeln vor anderen Tieren verstecken, ob sich bei einem Paar Männchen und Weibchen Namen geben und damit herbeirufen, wenn es etwas Wichtiges gibt, ob sie sich untereinander mitteilen, welcher Mensch gefährlich und wer harmlos ist, man kommt über die geistigen Leistungen der Raben aus dem Staunen nicht heraus.

Aber gerade diese Intelligenz ist es, die ihnen nur bei uns zum Verhängnis wird. Raben verstehen es zu gut, sich auch jenes Niederwild anzueignen, das der Mensch für sich beansprucht. Daher der Ruf nach dem Jäger.

5. Die Streiche des heiligen Affen Felix

Am hellichten Tage erlebte das Finanzamt im Zentrum der indischen Hafenstadt Jamnagar den Überfall einer Gangsterbande. Die Eindringlinge kletterten an der Fassade empor, sprangen durch die Fenster und verwüsteten Aktenschränke mit Steuerdokumenten. Dennoch eröffnete die Polizei nicht das Feuer auf sie, denn die Angreifer waren Heilige: ein Trupp Rhesusaffen, die ebenso unter dem religiösen Schutz der Hindus stehen wie die heiligen Kühe.

Der Frechste in der dreißigköpfigen Affenhorde war der Knabe Felix. Als erster hatte er begriffen, daß es in diesem Bürokratenhaus nichts zu holen gab. Während seine Kumpane zwischen Aktenbergen noch vergeblich nach Freßbarem suchten, kletterte er ganz allein an einem Regenrohr wieder abwärts auf die Straße, wo Lebensmittelhändler gerade ihre Stände aufgebaut hatten.

Gleich wollte er es mit seinem alten Trick probieren, an eine Wurst heranzukommen. Im Schutz eines Lastkarrens schlich er herbei, klaute sich im Vorübergehen einen Apfel und schleuderte ihn gegen den Sonnenschirm des Fleischers. Ehe der sich von dem Schrecken erholt hatte, ergriff Felix eine Wurst und wollte wegflitzen. Er wußte, daß nun alle Händler auf ihn Jagd machen würden, und genau das geschah auch.

Von Menschen eingekreist, sprang er erst in den Teig des Bäckers, bepuderte sich mit Mehl und klatschte, da er kaum noch etwas sehen konnte, in den Wasserbottich eines Fischhändlers, in dem ein großer Krake paddelte. Dieser schlang sogleich zwei, drei seiner mit Saugnäpfen besetzten Fangarme um das Äffchen. Felix saß buchstäblich in der Tinte.

Doch nun machten die Menschen einen Fehler. Daß ein Inder einen Rhesusaffen erschlägt, ertränkt, erschießt oder vergiftet, ist völlig undenkbar. Eine Tracht Prügel ist die Höchststrafe für einen diebischen heiligen Affen. Und die wollte man ihm eben verpassen, indem man Felix mit Händen festhielt.

Der Kleine kreischte, als stecke er am Spieß. Das hörten seine Hordenkumpane, die gerade die Fassade des Finanzamtes herunterhangelten.

Nun muß man wissen, daß ein Rhesusaffe, wenn er den Notschrei eines seiner Kumpel hört, gar nicht anders kann, als ohne Rücksicht auf sein eigenes Ich dem Bedrängten zu Hilfe zu eilen. Die Händler auf dem Markt können mit ihren immer bereitliegenden Knüppeln zwar eine ganze Affenhorde auf Diebestour zurückschlagen, aber niemals von einer Rettungsaktion abhalten.

Von allen Seiten schlich, huschte und sprang es heran. Hier stürzten sie einen Tellerstapel um, dort fetzten sie durch eine

Kleiderauslage, und dann sprangen sie denen, die Felix verprügeln wollten, auf die Köpfe, bissen sie in die Waden und waren in Sekundenschnelle wieder verschwunden – mit Felix in ihrer Mitte.

Ein andermal wurde es noch kritischer: Sielarbeiter hatten den Deckel zu einem tiefen Kanalisationsschacht offengelassen und das noch mit einem Warnschild gesichert. Aber was wissen Affen schon von der Bedeutung dieses Signals! Felix, der Neugierigste, sprang keß hinein, verschwand in der finsteren, stinkenden Kloake und schrie markerschütternd in dem hohlen Gewölbe.

Sogleich versammelten sich alle Hordenmitglieder in höchster Erregung im Liegestütz um das Loch und schauten nach unten in die unheimliche Finsternis, aus der es so gespenstisch schallte. Obwohl alle vor Angst zitterten, sah es aus, als wollten sie gleich hinterherspringen, um Felix' Leben zu retten. Aber das hätte nur ihren eigenen Tod bedeutet. Im letzten Augenblick, bevor sie tatsächlich gesprungen wären, konnte der indische Zoologe Dr. Sheo Dan Singh, der dies alles beobachtet hat, dem Affenkind ein Seil zuwerfen und es aus dem Schacht herausziehen.

Was Felix besonders traurig machte, war, daß er trotz aller Hilfsbereitschaft in der Horde noch keinen richtigen Freund hatte, der zu seinem Witz noch die ihm fehlende Lebenserfahrung beisteuern konnte. Wie oft hatte er aus der Küche einer Etagenwohnung ein Hähnchen oder ein Schnitzel gestohlen, und nachher war es ihm von erwachsenen Mitgliedern der Horde weggenommen worden! Zu zweit wäre man da in einer viel stärkeren Position.

Schon lange hatte Felix ein Auge auf Old Joe geworden. Dieser schon etwas betagte Affe war ihm sympathisch. Aber Felix wußte nicht so recht, wie er es anfangen sollte, Old Joe seine Freundschaft anzutragen. Wenn es nur irgend ging, hielt er sich ganz in der Nähe des alten Männchens auf und lauerte förmlich auf eine Gelegenheit, sich irgendwie nützlich zu machen.

Sie kam, als Felix gar nicht daran dachte, sondern im Schatten eines parkenden Autos in einer alten Gasse eingedöst war. Gellende Schreie schreckten ihn hoch, und er sah, wie ein struppiger Straßenhund an Old Joes Hinterbein zerrte.

Nun zögerte er keine Sekunde, preschte zum Kampfplatz, sprang dem dreckigen Köter auf den Rücken, klammerte sich dort fest und biß den Hund ins Ohr. Jaulend gab dieser Old Joes Bein frei, und wie der Wirbelwind stoben die beiden Affen davon.

Fortan waren Felix und Old Joe unzertrennlich und standen sich in jeder Gefahr bei. Gemeinsam gemeisterte Gefahren schweißen Freundschaften zusammen – auch bei Affen.

6. Asterix und Obelix, die Sportsfreunde

Asterix und Obelix waren dicke Freunde; Asterix, der zierliche Grantgazellenbock im Zoo von Hannover, und Obelix, der viermal so massige Kudubulle. Daß sie so total verschiedener Herkunft waren, tat ihrer Verbrüderung keinen Abbruch. Mensch und Hund können ja auch unverwüstliche Kumpel werden.

Asterix fraß gern Fallobst. Obelix machte sich nichts daraus. Aber alljährlich im Herbst reckte er sich hoch in das Astwerk eines Apfelbaumes im Gehege und schlug mit seinen fast einen Meter langen, herrlich gewendelten Hörnern die Früchte für Asterix von den Ästen.

Die Gegenleistung der zierlichen Gazelle: Sie mußte täglich dreimal als Sparringspartner für die Kraftübungen des großen Raufboldes herhalten. Obelix gelüstete es nämlich alle paar Stunden nach einem Zweikampf mit seinen mächtigen Hörnern.

In den Steppen Afrikas haben Kudubullen mit ihren an Flammenschwerter erinnernden Stirnwaffen schon so manchen Löwen und Leoparden durchbohrt und getötet. Also müßte so ein Kampf für den kleinen Asterix erst recht höchste Lebensgefahr bedeuten.

Doch Tiere mit tödlichen Waffen wissen sehr genau um ihre Gefährlichkeit. Deshalb setzen Kudubullen, wenn sie nur spielen wollen, ihre Hörner niemals als Stichwaffe ein. Vielmehr gebrauchen sie sie dann nur als »Theatersäbel« und schlagen sie mit großer Wucht laut schallend gegeneinander.

Asterix wußte genau, daß ihm nichts Schlimmes geschehen konnte, und haute jedesmal zurück, daß es nur so krachte. Obwohl Obelix sich klein machen und vorn in die Knie gehen mußte, um auf gleicher Höhe mit Asterix zu kämpfen, war er so klug, öfter im Kampf nachzugeben. Dann konnte sich Asterix auch mal als Sieger fühlen und behielt den Spaß an der Freud. So trieben beide regelmäßig Sport, um sich fit zu halten.

Wie war es eigentlich zu dieser Freundschaft unter so ungleichen Tieren gekommen? Hier hatte Hannovers Zoodirektor Dr. Lothar Dittrich kräftig mitgemischt.

Als ersten ließ er Asterix und dessen Weibchen ins Gehege. Erst nach mehreren Wochen kam Obelix hinzu. Jetzt fühlte sich die kleine Gazelle hier als »Herr im Haus«, wagte es aber nicht, den riesigen Neuling anzugreifen.

Obelix jedoch zitterte in der für ihn völlig fremden Umgebung zunächst wie Espenlaub. Sich Alteingesessenen gegenüber rüpelhaft zu verhalten, wagte er gar nicht. Er war zufrieden, daß ihm nichts Böses geschah. Hätte der Zoodirektor die andere Reihenfolge gewählt, wäre Asterix von Obelix so drangsaliert worden, daß man ihn wieder aus dem Gehege hätte nehmen müssen.

So sind es gerade die kleinen, aber raffinierten Tricks, mit denen man unter Tieren enge Freundschaft stiften kann.

Einmal aber hätte diese Freundschaft beinahe ein jähes Ende genommen. Beide kamen zur gleichen Zeit in die Brunft, und Obelix, der Kudubulle, der kein artgleiches Weibchen im Gehege hatte, verliebte sich in das kleine Weibchen des Grantgazellenbocks.

In freier Natur ist solch eine »Geschmacksverirrung« eine glatte Unmöglichkeit. Der Zwang zur sexuellen Enthaltung im Zoo, die Gewöhnung an die Gehegegefährtin von fremdartiger Gestalt führen aber häufig dazu, daß die Liebe unter Tieren manchmal groteske Pfade wandelt.

Asterix gefiel es aber gar nicht, daß Obelix plötzlich um sein Weibchen herumscharwenzelte. Als der Dicke zur Paarung aufreiten wollte, sprang Asterix hinzu und rammte seinem »schönen« Freund die Hinterbeine weg. Obelix' Fünf-Zentner-Masse sackte zu Boden.

Asterix, der im doppelten Sinne des Wortes Gehörnte, erkannte seine Chance. Als kleiner David stürmte er erneut auf den Goliath ein und stach mit seinen Hörnern in Obelix' Hinterteil.

Der kam hoch wie eine Rakete, aber nur, um in panischer Angst vor der Wut des Kleinen kreuz und quer durch das Gehege zu fliehen.

Noch ein zweiter Stich in den Allerwertesten ... und schon sprang der große Kudubulle mit einem Riesensatz aus dem Gehege mitten unter das Publikum! Nach der Brunft wurden beide jedoch wieder die besten Freunde.

So zeigte Asterix der Verhaltensforschung, daß im Kampf um ein Weibchen nicht einfach die stärkere Muskelkraft siegt, wie immer behauptet wird, sondern die stärkere Liebe.

Wahrscheinlich war der große Obelix doch nur mit halbem Herzen bei dem artfremden Weibchen, während Asterix so sehr an ihm hing, daß er seine äußersten Kraftreserven mobilisierte. Deshalb siegte dieser David gegen den Goliath.

7. Eine hündische Art von Humor

Das einzige, was sie gemeinsam hatten, waren ihre schwarzen Felle und ihre schwarzen Seelen. Sonst sahen sie unterschiedlicher aus als Dick und Doof: unser Scotchterrier namens Fletscher, bellstark und ein zwar nur kleines, aber voller Dynamit steckendes Energiebündel, und Nero, ein riesenhafter Rottweiler, wohl zehnmal so massig, der jedoch Würde mit Faulheit vorteilhaft zu vereinbaren verstand. Dennoch verband beide eine unzertrennliche Freundschaft.

Ihr fast alltägliches Spiel bestand im Erschrecken menschlicher Lausejungen, die an unserem Garten vorüberkamen. Stets begann Fletscher mit der Provokation, indem er die jugendlichen Passanten durch den Maschendraht aufreizend ankläffte. Die blieben natürlich sofort stehen. »So eine Mini-Bestie!« hörte man sie rufen, oder: »Ein größenwahnsinnig gewordener Bleistiftspitzer!« Und schon warfen sie mit Steinen nach dem Hund oder stocherten mit Stöcken durch den Zaun.

Währenddessen sprang der dicke Nero geräuschlos und außerhalb des Sichtbereichs über das Gitter, pirschte sich von hinten an die Jungen an und ließ mit vampirhaft entblößten Zähnen unmittelbar hinter deren Rücken ein barbarisch knurrendes »Rrrrrau!« hören.

Den ausreißenden Jungen hinterherzurennen, wäre unter seiner Würde gewesen. Und aus Freude über den Schrecken, den er den Kindern eingejagt hatte, wackelte er mit seinem Schwanzknubbel höchstens dreimal hin und her, während sich Fletscher vor vergnügter Hopserei gar nicht beruhigen konnte. Das ist die hündische Art von Humor.

Wer nun aber meinte, der Muskelberg Nero sei der Anführer der Zweierbande, war auf dem Holzweg. Vor allem um die Mittagszeit kam es oft vor, daß Fletscher unternehmungslustig eine Spritztour antreten wollte, wenn Nero noch im Schatten schlief. Aber da hatte er die Rechnung ohne den kleinen Scotchterrier gemacht. Wie angestochen sprang er stahlfederartig immerzu kläffend halbmeterhoch auf und ab und schließlich auf den Faulenzer drauf – so lange, bis er um des lieben Friedens willen endlich hinter Fletscher hertrottete.

Der Ideenquell, der Anstifter zu allen Taten, war stets der kleine Fletscher. Aber er brauchte unbedingt seinen massigen Freund, um mit dessen überraschendem Auftritt gleichsam die Pointe zu setzen.

Im nahen Park hatte es Fletscher vor allem auf Rüden abgesehen, die viel stärker waren als er, aber schwächer als Nero. Während sich dieser als gut eingespielter Partner zunächst im

Hintergrund hielt, stolzierte der kurzbeinige Scotchterrier hinter seinem auserkorenen Opfer her, das ihn keines Blickes würdigte.

Dann, an einem Baum, hob der Große nach alter Hundesitte ein Bein. Kaum war dies »Geschäft« erledigt, ging Fletscher am selben Baum regelrecht in den Handstand und konnte auf diese Weise seine duftende »Parole« noch höher spritzen als sein Vorgänger.

Das aber ist unter diesen Tieren eine grobe Beleidigung der Männlichkeit. Prompt wandelte sich die Mißachtung des fremden Rüden Fletscher gegenüber in Rage. Mit gesträubtem Fell, nach vorn gespitzten Ohren und gerümpfter Nase standen sich beide gegenüber; der Fremde wechselnd aggressiv und ängstlich. Offenbar zweifelte er, ob er wache oder träume, so eine Frechheit war ihm noch nie widerfahren.

Fletscher aber war überhaupt nicht schwankend in seinem Mut, sah er doch, wie Nero von hinten angetrabt kam. Dieser schlug mit der Pfote dem Fremden beide Hinterbeine zur Seite. Danach sah man nur noch einen Kugelblitz, der durch den Park heim zu Frauchen flitzte, während Nero und Fletscher schwanzwedelnd weitertrollten.

Es hat viel für sich, wenn man statt nur eines Hundes zwei hält. Sie vereinsamen nicht, wenn Herrchen oder Frauchen auf Reisen oder im Büro sind. Sie wachsen artgemäßer auf. Aber es gibt auch Nachteile, indem sie sich enger aneinander und nicht mehr so stark an den Menschen binden. Einmal wurde ich das Opfer ihrer neckischen Zusammenarbeit.

Nach einem starken Regenguß stromerten wir zu dritt an einem bewaldeten Seeufer entlang. Die beiden Hunde spielten ausgelassen miteinander. Unvermittelt schubste Nero den Fletscher von einem umgestürzten Baumstamm. Er glitt vom nassen Holz und platschte in eine tiefe, lehmige Pfütze. Über und über durchnäßt und dreckig kam er wieder zum Vorschein. Er sah so bedröppelt komisch aus, daß ich an das Sprichwort vom begossenen Pudel denken und lauthals lachen mußte.

Nun ist es eine bekannte Tatsache und meines Erachtens geradezu ein Beweis für die Existenz einer Scherzlust und Schadenfreude bei Tieren, daß Hunde es auch merken, wenn sie selber zur Zielscheibe des Spottes werden. Sie können es nicht vertragen, ausgelacht zu werden.

Nero muß in diesem Falle mit seinem Freund Fletscher mitgefühlt haben. Denn während ich noch grinsend dastand, sprang er mich von hinten mit voller Wucht an, so daß ich über den Baumstamm stürzte und ebenfalls unrühmlich in der Pfütze landete.

Diesmal wackelte Neros Schwanzknubbel mindestens zehnmal hin und her. Recht geschah mir's.

II.

Helfer, Freunde, Lebensretter

8. Ein Pavian als Ziegenhirt

In der Nacht war lautes Löwengebrüll zu hören gewesen. Als Frau Mary Aston, eine Farmerin in der Nähe des südwestafrikanischen Ortes Okahandja, am Morgen darauf den Ziegenpferch betrat, entdeckte sie unter ihren Tieren einen jungen Pavian.

Wahrscheinlich war seine Mutter von den Löwen getötet, der Affentrupp zersprengt worden. So hatte der junge Bärenpavian Zuflucht bei den Ziegen gefunden. Frau Aston tat nun das einzig richtige, indem sie den Affen ruhig bei ihrer Herde ließ.

Denn schon sehr bald zeigte sich, daß die Pavianin, die sie »Ahla« nannte, die achtzig Ziegen so gut hütete, daß sie sich menschliche Hilfskräfte für diese Aufgabe sparen konnte.

Schon am ersten Tag zog Ahla mit der Herde zum Weiden hinaus. Natürlich lief sie nicht zu Fuß, sondern erkor sich die Leitziege als Reittier. Von ihrem hohen Sitz aus hatte sie stets gute Übersicht und bemerkte meist sofort, wenn einige Tiere irgendwo zurückblieben. Dann sprang sie herab, sauste wie ein Schäferhund zu den Säumigen und trieb sie wieder zur Herde.

Drei Wochen später ereignete sich etwas Merkwürdiges: In der Morgenfrühe, eine halbe Stunde nach Verlassen des Farmhofes, kam Ahla ganz aufgeregt zurück und schimpfte mörderisch. Was hatte sie nur? Der Schwarze, der morgens die Ziegen melkte, hatte vergessen, zwei Geißlein, die schon einen Tag am Weidegang teilgenommen hatten, aus dem Kral der Neugeborenen herauszulassen!

Als Frau Aston diesen Irrtum schließlich bemerkt und korrigiert hatte, setzte sich Ahla an die Spitze der kleinen Geißlein und brachte sie unter ständigem »ho – ho« sicher zur Herde.

Während für die meisten Menschen eine Ziege aussieht wie die andere, lernte die Pavianin alle achtzig Tiere schon in den ersten Tagen persönlich kennen. Ein Rundumblick über die Herde genügte ihr, um sofort zu sehen, wie viele und welche Ziegen fehlten.

Der deutsche Zoologe Dr. Walter Hoesch berichtet wörtlich: »Wenn Ahla abends vom Weidegang mit der Herde nach Hause kommt, nimmt sie zunächst mit den Ziegen zusammen an der Tränke Wasser, geht dann als erstes Tier zum ummauerten Kral der ganz jungen Geißlein, die ja noch nicht am Weidegang teilnehmen, und klettert durch eine Dachluke hinein.

Von drinnen kann sie die draußen stehende Herde der Muttertiere nicht sehen, sondern nur hören. Im Zeitraum von etwa einer Stunde treffen nun die einzelnen Tiere nacheinander gemächlich vor der Mauer ein. Sobald die Äffin vom Inneren des Gemäuers aus die Stimme einer nach ihrem Kind blökenden Mutterziege hört, ergreift sie das richtige Geißlein, springt mit ihm durch die Dachluke und setzt es der Mutterziege ans Euter. Sie vollzieht diesen Dienst auch dann fehlerfrei, wenn mehrere Altziegen gleichzeitig blöken und mehrere Lämmer gleichzeitig antworten.«

Die Pavianin kennt eben jedes einzelne Tier der Herde nicht nur am Aussehen, sondern auch an der Stimme. Wie sie das macht, bleibt ein Rätsel.

Jungtiere, die nicht nachts im Stall, sondern während des Weideganges draußen geboren werden und für die der Heimweg noch viel zu weit ist, klemmt sich Ahla kurz entschlossen unter den Arm. Dann springt sie mit dem Baby auf den Rücken von dessen Mutter und bringt es so nach Hause.

Dieses Verhalten ist besonders beachtlich. Denn junge Paviane werden nicht getragen, sondern klammern sich im Bauchfell der Mutter fest, was Ziegenbabys natürlich nicht können. Ahla überschaut die Situation und handelt anders, als sie es in der Pavianherde getan hätte, und auch anders, als sich in solchen Fällen ihre jetzigen Herdenkumpane verhalten: Mutterziege und Geißlein verbleiben die erste Nacht draußen auf dem Felde, wenn sich niemand findet, der den Heimtransport des Babys übernimmt.

Ahla scheint genau zu wissen, wie gefährlich so eine Nacht in der einsamen Wildnis für Mutter und Kind ist. Für Raubtiergefahr scheint die Pavianin einen siebten Sinn zu besitzen. In dieser Gegend treiben sich ja ständig allerlei Fleischfresser umher.

Einen Leoparden, der, im Geäst einer Akazie lauernd, für Menschenaugen kaum zu erkennen ist, bemerkt sie schon von weitem und dirigiert die Herde in eine andere Richtung.

Geradezu typisch ist folgendes Ereignis: Als die Herde auf dem Marsch war, schien Ahla Unheil zu wittern. Nun tat sie etwas, zu dem sich menschliche Hirten nie bequemen: Blitzschnell kletterte sie in den Wipfel eines hohen Baumes. Von dort oben entdeckte sie mehrere Löwinnen, die hinter Büschen lauerten.

Sogleich schrie sie Alarm und jagte die Herde mit Gebrüll und Klapsen auf die Hinterteile zur heimatlichen Farm.

Frau Aston beurteilt die Pavianin als Dienstpersonal nur positiv: »Solange ich noch Einheimische als Hirten beschäftigte, waren die Verluste an Ziegen für mich untragbar groß. Fast jeden Abend fehlten bei der Rückkehr einige geraubte, versprengte oder verirrte Tiere. Nun endlich klappt es.«

Allerdings nimmt sich Ahla einmal im Jahr einige Tage Urlaub. Sie verschwindet dann spurlos. Was sie in dieser Zeit getrieben hat, wird erst etwas später offenkundig, wenn bei ihr Anzeichen einer Schwangerschaft zu erkennen sind.

9. Wildhunde pflegen ihre Kranken

Seit vier Tagen hatte das Rudel der Afrikanischen Wildhunde keinen Bissen mehr zu fassen gekriegt. Sengende Sonnenglut dörrte die leblos daliegende Steppe. Nirgends war Wild zu entdekken, obgleich die Meute der sieben Rüden Tag und Nacht ruhelos durch ihr 2000 Quadratkilometer großes Revier streifte.

An diesem vierten Hungertag, an dem Wildhunde unbedingt Nahrung brauchen, da sie andernfalls bis zur Jagdunfähigkeit geschwächt werden und sich zum Sterben legen müssen, hilft ihnen die Natur mit einem Kunstgriff. Ihr ohnehin schon phänomenales Riechvermögen steigert sich auf dreifache Empfindlichkeit. Duftspuren, die ihnen gestern noch verborgen geblieben waren, meldet die Nase jetzt.

Der dreijährige Xerxes, ein rangniederer Jungrüde, witterte die Fährte der Impalas zuerst. Vier Stunden lang hetzte das Rudel der Spur nach. Dann sichtete es in der flimmernden Nachmittagshitze die verschwommenen Konturen der sechs Antilopen.

Ohne sich erst langsam anzupirschen, preschten die Wildhunde los. Als sie auf hundert Meter heran waren, warfen die Impalas die Köpfe hoch; nur für einen Moment. Dann gingen sie in die Luft, mit Sprüngen bis zu drei Meter Höhe und zehn Meter Weite.

Die Impalas schienen zu wissen, daß die Afrikanischen Wildhunde die erfolgreichsten Jäger des Schwarzen Kontinents sind. Wenn Löwen angreifen, schlagen acht von zehn Überfällen fehl. Bei den Wild- oder Hyänenhunden aber gibt es fast nie Versager.

Mit Tempo 50 raste die Meute, in Schützenkette auseinandergezogen, los, etwas langsamer als die Antilopen. Aber Xerxes, der einer der vordersten war, hatte bereits das Opfer ausgesucht. So sehr es im Zickzack sprang, so fest hing nun stets einer der Jäger schattengleich an diesem einen Tier. Das Opfer blieb immer dasselbe, aber der unmittelbare Verfolger wechselte ständig. Mit jedem Haken, den die Antilope schlug, wechselte sie nur die Person ihres Feindes.

Daß der rangniedere Xerxes an der Spitze des Verbandes das Opfer auswählen konnte und nicht etwa der Rudelboß, hat einen interessanten Grund. Bei den Wildhunden verhalten sich die Anführer ähnlich wie beim Militär: Sie drücken sich meist in den hintersten Linien herum, wo es nicht so gefährlich ist.

Xerxes war auch der erste, der den direkten Angriff wagte. Er biß sich im rechten Hinterbein der Antilope fest. Noch einmal katapultierte sich die Impala in die Luft und schleuderte den verbissenen Xerxes im weiten Bogen mit. Bei der Landung stürzte sie, schlug aber mit ihrem spitzen Gehörn nach hinten und durchstieß den Oberschenkel des Wildhundes.

Das Überleben des Rudels war gesichert, aber Xerxes lahmte nun auf dem linken Hinterbein. Doch was dann geschah, straft alle bisherigen Anschauungen von der angeblichen Vernichtung kranken Lebens in der Natur Lügen.

Der Verletzte humpelte dreibeinig mit seinem betont langsam trabenden Rudel zum heimatlichen Erdbau zurück, in dem Taifuna, das einzige Weibchen im Rudel der sieben Rüden, mit ihren nicht weniger als 16 Jungen zurückgeblieben war.

Schwanzwedelnd sprangen die Kleinen den Heimkehrern entgegen und leckten ihnen quer über das Maul. Daraufhin würgten die Männchen Fleisch hervor und fütterten damit die Kinder, die gar nicht einmal ihre eigenen waren. Diese gehörten nämlich nur dem Rudelboß, und der fütterte Taifuna, sein Eheweibchen.

An dieser Stelle muß endlich etwas über die absonderlichen Eheverhältnisse bei den Wildhunden gesagt werden.

Diese Steppenjäger leben in einer Vater-Söhne-Gemeinschaft, in der zwecks Fortpflanzung nur ein erwachsenes Weibchen zugelassen ist, selten noch ein zweites, gleichsam als Ersatz. Hier übt der Boß mit dem ranghöchsten Weibchen ein Paarungsmonopol aus. Alle anderen Männchen sind nur Helfer bei der Jagd sowie beim Füttern, Beschützen und Warten der Jungen. Was auf den ersten Blick als Vielmännerei erscheint, ist in Wirklichkeit eine lebenslange Einehe des Herrscherpärchens mit mehreren Söhnen als Helfern bei der Jagd und bei der Aufzucht weiterer Kinder.

Ohne diese treuen Helfer geht es nicht. Wildhunde können nur als Meute Großwild erlegen und sich gegen Hyänen, Leoparden und Löwen verteidigen. Einzeltiere, ja selbst Kleingruppen bis zu drei Tieren, sind über kurz oder lang dem Tode geweiht.

Heranwachsende Weibchen verlassen, sobald sie zum erstenmal läufig sind und von ihrer Mutter an der Paarung gehindert werden, das Elternrudel, während ihre Brüder fast durchweg im Verband bleiben und die Jägertruppe verstärken.

In vielen Tiergemeinschaften, etwa bei den meisten Affen, ist es gerade umgekehrt: Die Männchen verlassen den Schoß der Familie, und die Weibchen bleiben »daheim«.

Diese Gemeinschaft der Wildhunde schien nun durch Xerxes' Verletzung erheblich geschwächt zu sein. Mit dem Humpelbein konnte er zwar noch nach Hause hinken, aber als Jäger fiel er vorerst aus.

Doch anderntags zeigte sich beim Abmarsch zur neuen Jagd Erstaunliches. Taifuna, ebenso groß und kräftig wie die Männchen, trabte an Xerxes Statt mit den Jägern davon, während der Verletzte als Babysitter daheim blieb. Stunden später fütterten die Heimkehrer auch ihn.

Das zeigt, daß sie den Kranken respektierten und ihm nur eine leichtere Aufgabe zugewiesen hatten. So blieb es mehrere Tage hindurch, bis sein Bein wiederhergestellt war.

Einmal, das Rudel lagerte gerade vollgefressen am Bau, griffen zwei Hyänen den etwas abseits schlafenden, lahmen Xerxes an. Aber schon ehe dieser hochschreckte, hatten seine Rudelgenossen die Hyänen umzingelt, bissen ihnen die Hinterteile blutig und jagten sie davon. Sie schützten also ihren Kameraden, statt ihn zu vernichten.

10. Junggesellen spielen Kindermädchen

Als der 14jährige Tom Stewart nahe der australischen Stadt Albury einen Waldweg entlangradelte, stieß er gegen einen Baum und landete im Graben. Im gleichen Augenblick erscholl aus der Krone des Baumes hämisches Gelächter und teuflisches Gekicher.

Es stammte jedoch nicht von schadenfrohen Menschenkindern, sondern von Wesen, die nun aus dem Laub hervorflatterten, um den Jungen obendrein mit Schnabelhieben zu bearbeiten: von Vögeln, die zu Recht den Namen »Lachender Hans« tragen.

Natürlich lachten die knapp krähengroßen Vögel den Jungen nicht aus. Das Kichern ist vielmehr ihr Kriegsruf. Und da sie ihre Küken im Nest bedroht glaubten, griffen sie den Störenfried scharf an, bis er sich davongemacht hatte.

Bei diesem zur zoologischen Familie der Eisvögel zählenden Nationaltier Australiens haben jetzt Professor S. R. Morton und Dr. G. D. Parry eine verblüffende Verhaltensweise entdeckt: Frisch erwachsene Lachende Hänse, die kein Eheweibchen finden können, kehren zu ihren Eltern zurück, um ihnen bei der Pflege des neuen Kinderjahrganges zu helfen.

Dieses Verhalten ist besonders deshalb so interessant, weil bei vielen anderen Tierarten erwachsen werdende Jungtiere von den Eltern aus sexueller Konkurrenzangst vertrieben werden. So können wir in der Eigenart des Lachenden Hänschens ein Anfangsstadium der Sozialphase der Sippenbildung erblicken.

Wie dies im einzelnen vor sich geht, verfolgten wir am Beispiel eines Jungvogels namens Jacky. Als er die sexuelle Reife erlangt hatte, zeigte sich sein Vater kein bißchen aggressiv gegen ihn, und die Mutter steckte ihm sogar noch fette Futterbrocken zu. Aber ihm selbst paßte die ständige elterliche Obhut nicht. So schwirrte er eines Tages davon und kam nicht wieder.

Mehrere Wochen lang irrte Jacky in der Fremde umher, um sich ein Weibchen zu suchen. Doch so schön auch das Gelächter seiner Liebeslieder erscholl, so stark sich der jugendliche Held auch fühlte, er hatte trotzdem bei den »Lachenden Hänsinnen« keine Chance. Sie wählten nämlich nach anderen Gesichtspunkten: denen materieller Nützlichkeit.

Wie bei zahlreichen anderen Vogelarten, so hat auch hier nur dasjenige Männchen Heiratsaussichten, das Privatbesitz vorweisen kann, und zwar ein eigenes Nest.

Und genau das ist beim Lachenden Hans der arge Engpaß. Denn diese Vögel nisten ähnlich wie Spechte in Baumhöhlen, sind jedoch unfähig, sich diese Eigenheime selber zu zimmern. Sie vermögen es allenfalls, eine Brutstätte in das Kugelnest von Baumtermiten hineinzumeißeln. Aber Baumhöhlen und Termitennester sind Mangelware. Alle, die Jacky antraf, waren bereits von anderen Pärchen in Besitz genommen.

Nach mehreren Wochen gab er die weitere Nest- und Brautsuche auf, da die Paarungszeit längst vorüber war. Nun kehrte er wie ein verlorener Sohn zu seinen Eltern zurück. Seine Geschwister waren ebenfalls wieder eingetrudelt, darunter zwei um ein Jahr ältere und sogar eine um zwei Jahre ältere Schwester. Und auch im Nest waren gerade wieder vier Küken aus den Eiern geschlüpft.

Diese Jüngsten besaßen nun nicht nur zwei Eltern, die sie fütterten, unter ihren Flügeln wärmten und gegen Feinde (auch nur vermeintliche wie Tom Stewart) verteidigten, sondern insgesamt acht erwachsene, voll arbeitsfähige Ernährer und Beschützer. In den australischen Trockengebieten, wo Nahrung nur sehr schwer zu beschaffen ist, erscheint die Einstellung von Junggesellen und ledigen Weibchen als Kindermädchen von so überragendem Überlebenswert, daß man sich nicht wundert, dieses Verhalten in der Natur noch öfter zu finden. Bei Drucklegung dieses Buches waren ähnliche »Helfer«, wie der Fachausdruck heißt, schon bei 120 Vogelarten bekannt.

Die beiden Forscher stellen folgende Vorteile heraus:

1. Wenn ältere Kinder bei der Aufzucht der jüngsten mithelfen, gelingt es, doppelt so viele Nestlinge groß zu bekommen, als wenn sich die Eltern allein abmühen.

2. Die »Kindermädchen« und »Babysitter« lernen auf diese Weise, wie man Nestlinge richtig pflegt, und können dann in späteren Jahren, wenn sie eigene Kinder bekommen haben, ihren beachtlichen Erfahrungsschatz dem Nachwuchs zugute kommen lassen. Erstbrüter, die nie in Kinderpflege unterwiesen wurden und die natürlich auch noch keine Helfer haben, können fast nie ihre Jungen am Leben erhalten.

3. Die Aktivitäten der Junggesellen und ledigen Weibchen, die sich mangels Nistgelegenheit nicht paaren können, werden nicht verschwendet, sondern zum Nutzen des Fortbestandes der Sippe in die Waagschale des Lebens gegen den Tod geworfen.

Vor allem ist es die Beschaffung tierischer Nahrung im wüstenähnlichen Ödland, die an die Lebenskunst der Lachenden Hänse höchste Anforderungen stellt, zum Beispiel der Fang der australischen Riesenregenwürmer, die bis zu drei Meter lang und drei Zentimeter dick werden können.

Die beliebteste Speise ist jedoch die Todesotter, eine bis zu 70 Zentimeter messende Schlange, die giftiger als die Kobra ist und der zahlreiche Schafe zum Opfer fallen. Die Hälfte aller von ihr gebissenen Menschen müssen an der Vergiftung sterben.

Um sie zu überwältigen, bedarf es schon mehrerer Lachender Hänse. Während einer die Schlange mit Scheinangriffen von vorn ablenkt, ein zweiter die Todesotter in den Schwanz hackt, erwischt sie der dritte am Genick. Auch das ist ein Grund, weshalb Eltern, die jenen Leckerbissen an ihre Kinder verfüttern wollen, unbedingt Helfer brauchen.

11. Die Versteckspiel-Virtuosen

Die Geschichte könnte vom Lügenbaron Münchhausen stammen: Am frühen Nachmittag begann es in dicken Flocken zu schneien. In der Senke am Rande eines Tannenwäldchens scharte sich ein Volk von 42 Rebhühnern zum dichten Pulk zusammen, um, sich gegenseitig wärmend, gemeinsam das Unwetter zu überdauern.

Die stärksten Vögel bildeten einen engen Ring um die anderen, wobei jeder starr wie ein königlich englischer Wachtposten nach außen blickte und seinen Sektor im Umland beobachtete. Schneetreiben ist Jagdzeit für Füchse.

Es hörte auch die ganze Nacht nicht auf zu schneien, und so lag der Schnee am anderen Morgen an die 35 Zentimeter dick über dem Land. Aber von den Rebhühnern war nicht die Spur zu sehen. Waren sie wie erschöpfte Bergsteiger eingeschneit und erfroren?

Von einem nahen Hochsitz suchte ich mit der Super-Telekamera die Schneedecke ab. Da! Genau über der Senke war die weiße Fläche von zahlreichen kleinen Löchern perforiert. Und plötzlich schaute hier und da und dort nur für Sekunden ein Rebhuhnköpfchen hervor wie die Sehrohrspitze eines U-Bootes und verschwand wieder.

Unter der Schneedecke aber herrschte emsiges Treiben. Die 30 Zentimeter langen, knapp pfundschweren Rebhühner bohrten ein Tunnelsystem und scharrten allenthalben nach trockenen Gräsern, die sie eifrig pickten.

Diese Technik ist der Glanzpunkt jener gefiederten Versteckspiel-Virtuosen: Bei Schnee verraten sie sich ihren Feinden nicht als dunkle Punkte, sondern bleiben, vor allem für Bussarde und andere Greifvögel, unsichtbar. Außerdem bietet ihr »Iglu« optimalen Schutz vor Wind und Kälte, und am Boden können sie wohlgeschützt an ihre Winternahrung kommen.

Alles dies gelingt den Rebhühnern jedoch nur in Gemeinschaftsarbeit. Eine Gruppe von nur vier, drei oder noch weniger Mitgliedern vermag keinen Winter zu überleben. Deshalb bleibt die Familie, Mutter, Vater und bis zu zwanzig Kinder, den ganzen Winter über eng beisammen. Man nennt dies eine Kette.

Je mehr Kinder ein Pärchen hat, desto besser geht es den Eltern in der Not. Deshalb nehmen Rebhühner auch den Sommer und Herbst über fremde Waisenkinder liebevoll bei sich auf. Ja, vor Einbruch des Winters schließen sich sogar zwei oder mehr Familienketten zu einer verschworenen Gemeinschaft, einem sogenannten Volk, zusammen.

Sofern kein Schnee liegt, zieht sich das Volk im Schummerlicht der Morgen- oder Abenddämmerung weit auseinander. In langer Front suchen die Vögel das Gelände nach Nahrhaftem ab. Jeder, der eine größere Menge findet, ruft sogleich alle anderen herbei.

So wird auch die Futtersuche in Gemeinschaftsarbeit aufs praktischste rationalisiert und auf Gegenseitigkeit aufgebaut.

Schlimme Tage brechen für die Rebhühner allerdings an, wenn naßgetauter Schnee wieder hart friert. Dann können sie nicht mehr nach Äsung scharren und müssen hungern. Bleibt der Harsch längere Zeit bestehen, tun die Vögel etwas, das ihnen sonst nie in den Sinn kommt: Die extrem ortstreuen Tiere wandern aus, und zwar im Fußmarsch. Fliegen ist bei ihnen nur ein Mittel zur Flucht. Längere Strecken hält die Kraft ihrer Flügel nicht durch.

Eine seltsame Wandlung ist übrigens mit jenen Rebhühnern vor sich gegangen, die um die Jahrhundertwende in Kanada eingebürgert wurden. Wider Erwarten haben sie sich an die extreme Kälte bis minus 45 Grad hervorragend angepaßt, und zwar mit Hilfe zweier »Erfindungen«: erstens einem Riesenhunger, der sich im Winter auf das Dreifache steigert, und zweitens einer Umstellung auf spezielle Winterkost.

Diese phantastische Anpassung an extreme Lebensbedingungen erfährt eine abermalige Wende, wenn die Macht des Winters Ende Februar oder Anfang März gebrochen ist. Mit einemmal hat die Notgemeinschaft keinen Wert mehr. Zwischen den bislang so kameradschaftlichen Rebhühnern bricht spontan Streit aus. Die Völker und Ketten sprengen auseinander. Wahrscheinlich bleiben nur die Elternpaare beieinander.

Nun ist morgens und abends überall das herausfordernde Rufen der Hähne zu hören, die sich eine Braut suchen. In England nennt man es die »Militärparade«: Ein Hahn jagt den anderen an die 50 Meter weit. Dann machen beide kehrt, und der Verfolger wird auf gleicher Strecke zum Verfolgten. Nach etlichen Wiederholungen wird der Abstand so kurz, daß sie sich berühren. Und schon ist die Prügelei um die Gunst einer Braut im vollen Gange.

Mit dem Beispiel der Rebhühner haben wir eine aufschlußreiche Übergangsform vom eigenbrötlerischen zum sozialen Gruppenverhalten vor uns. Eigentlich sind diese Vögel Einzelgänger. Aber in der Notzeit des Winters können sie nur überleben, wenn sie sich gegenseitig helfen.

12. Die Dschungelfestung der Elefanten

Wie eine Brigade von Panzerwagen walzten sie die Elefantenstraße im burmesischen Dschungel entlang: zuerst Hannibal, ein 3 Meter großer, 6,40 Meter langer und 5 Tonnen schwerer Elefantenbulle, als Kundschafter.

Es folgten in einigem Abstand drei weitere kampfstarke Bullen als Vorhut, dann eine Gruppe von vier Junggesellen als Leibgarde der sich dicht anschließenden Weibchen mit den ganz kleinen Elefantenkindern.

Dann kamen sechs etwas größere Jungtiere an die Reihe, die sich unter der Aufsicht einer alten Kuh zu einem verspielten »Kindergarten« zusammengefunden hatten und ständig vorwärtsgetrieben werden mußten. Das Schlußlicht bildeten wiederum vier starke Bullen.

Plötzlich trompetete Hannibal schrill. Sofort machte das Ganze halt und muckste sich nicht. Noch konnte keiner erkennen, welche Gefahr Hannibal bemerkt hatte. Einen Tiger? Einen Leoparden? Oder, was noch schlimmer wäre, Menschen?

Hannibal wich ein paar Schritte zurück. Dann knackte er sich mit dem Rüssel einen langen Ast vom Baum, schritt äußerst behutsam wieder vor und fing an, mit dem Ast auf dem Boden herumzustochern.

Dort war nämlich, mitten auf dem Elefantenpfad, eine Stelle, an der Gras und Gesträuch nicht normal gewachsen aussahen, sondern schief und krumm und auch schon etwas welk. Doch was war das? Der Ast, der eben noch dumpf auf den Boden stampfte, verschwand mit einemmal raschelnd im Untergrund: eine Fallgrube von Elefantenjägern!

In früheren Jahren hatte Hannibal schon mehrmals miterlebt, wie einer seiner Herdenkumpane in einer getarnten Fallgrube versunken war. Da er schon immer einen Stock mit dem Rüssel zu ergreifen pflegte, wenn er sich weit hinten am Rücken kratzen wollte, kam ihm eines Tages die Idee, einen Stock auch zum Aufspüren von Fallgruben zu verwenden. So wurde er zum Kundschafter der großen Herde.

Einige Tage später, der Elefanten-Geleitzug war inzwischen sechzig Kilometer weiter zum Gebiet der gerade reif werdenden Mangofrüchte marschiert, stutzte Hannibal abermals. Mit der Spitze seines Rüssels hatte er die Spur eines Tigers entdeckt. Die Feinheit seiner riesenlangen Nase ist genauso phantastisch wie die der kurzen Riecher von Spürhunden. So wußte er sofort: Keine fünf Minuten zuvor war der Tiger hier umhergestreift und in solchen Kurven gelaufen, als interessiere er sich für die Dickhäuter.

Im allgemeinen wagen sich Tiger nicht an ausgewachsene Elefanten heran. Aber Hannibal war sich bewußt, daß stündlich bei dem Weibchen Indira ein Baby zur Welt kommen konnte. Und Neugeborene holt sich der Tiger mit Vorliebe.

Für solche Fälle haben Elefanten ein spezielles Alarmsignal: Hannibal schlackerte mit dem Kopf hin und her, daß seine großen Ohren wie Waschlappen klatschten. Leisen Schrittes schloß die Herde auf. Rings um Indira, die in der Mitte stand, bildeten die Bullen, die Jünglinge und alten Weibchen einen dichten Ring, mit den Köpfen nach außen. Auf Lücke dahinter versteckten sich die Jungtiere. Bei Indira im Inneren der lebenden Schutzburg blieben nur zwei erfahrene Weibchen, die sogenannten Hebammen.

In ihrer Angst wagte Indira gar nicht, ihr Kind zur Welt zu bringen. Wilde Tiere können in höchster Gefahr eine Geburt bis zu zwölf Stunden lang aufschieben, in der Hoffnung, der Räuber sei dann wieder entschwunden.

Hannibal witterte mit hochgestrecktem Rüssel in alle Richtungen und konnte immer noch keine Entwarnung geben. Der Ring der Verteidigung wich und wankte nicht. Plötzlich schaute das Baby mit seinem Kopf aus dem Mutterleib heraus. Und nun ging alles sehr schnell. Die »Hebammen« fingen das Kind mit ihren Rüsseln auf, damit es bei der Geburt im Stehen nicht so tief falle. Die Nabelschnur riß. Dann befreiten sie das Kind von den Häuten und versuchten, es mit ihren Rüsseln aufzuheben und zu schützen, damit es an den Zitzen der Mutter seinen ersten Schluck Milch trinken konnte.

Da erscholl das Gebrüll des Tigers aus nächster Nähe. Er sprang aus dem Dickicht, brüllte ein zweites Mal, aber nur um sein »Gesicht zu wahren«. Er riskierte keinen Angriff auf die gewaltige Schutztruppe und trollte gemächlich von dannen.

lich, Nachbareltern beim Brüten abzulösen. Die »Nächstenliebe« unter Lummen beginnt erst beim geschlüpften Küken, und zwar so:

Noras und Erics Nachbarn hatten ihr Kind verloren, und immer wenn Noras Küken aus dem wärmenden Gefieder seiner Mutter hervorschaute, lockten es die Nachbarn mit zärtlichen Rufen zu sich her. Zuerst fanden die Eltern das empörend, hielten ihr Kind, wenn es auf dem Bauch zu den verlockenden Stimmen hinüberrutschen wollte, fest oder hackten gar auf die Nachbarn los.

Doch bald machte es sich bemerkbar, daß der Mensch das Meer vor der norwegischen Küste nahezu leergefischt hat. Lösen sich die Ehepartner normalerweise alle 16 Stunden beim Brüten und Hudern (Wärmen der Jungen unter dem Gefieder) ab, so blieben sie nun volle 24 Stunden über See, ehe sie ein Fischlein fangen konnten. Dieses fraßen sie nicht selbst, sondern brachten es ihrem Küken, ehe sie das Hudern übernahmen – für weitere 24 Hungerstunden.

In dieser Situation schwächt sich der Aggressionsdrang gegen die Nachbarn ab. Desgleichen vermindert der Hunger auch die Elternliebe zum Kind. Die Besessenheit, das Küken zu wärmen und zu schützen, läßt nach. Nun hatte Vater Eric mit einemmal nichts mehr dagegen einzuwenden, daß sein Junges zu den immer noch lockenden Nachbarn hinüberrutschte und dort unterkroch. Im Gegenteil: Erleichtert flog er davon, um wieder fischen zu können.

Von jetzt an waren es nicht nur zwei Erwachsene, die Eltern, die für ein Kind sorgen mußten, sondern vier. Während einer beim Jungen blieb, konnten drei Futter suchen. Damit wuchs die Chance, das Küken erfolgreich aufzuziehen. Ein erstaunliches Notprogramm für Zeiten bitterer Hungersnot.

Das Trottellummenkind ist nun keineswegs trottelig, sondern lernt auch seine Hilfseltern sehr schnell persönlich kennen. Allerdings bleiben charakteristische Unterschiede im Verhalten von Eltern und Hilfseltern bestehen:

Die Helfer hudern, also wärmen und schützen das Küken nur.

Aber sie füttern es nicht. Dazu ist die »Nächstenliebe« zu Nachbars Kind doch nicht groß genug. Allerdings hudern die Helfer ausgiebiger als die Eltern, die sich mehr um die Futterbeschaffung kümmern.

Doch auch hier gilt eine Einschränkung. Während ein Elternvogel in gefahrloser Zeit niemals sein Kind verläßt, bevor er es beim anderen Elternteil oder bei einem Helfer in guten »Händen« weiß, kann es schon einmal vorkommen, daß ein Helfer das Küken schutzlos im Stich läßt. Dann ist es verloren. Das ist vor allem dann der Fall, wenn die Hungersnot noch schlimmer wird, wie seit 1977. Da war der Fisch im Meer so selten geworden, daß nicht einmal vier Erwachsene ein Junges großziehen konnten. Auf zahlreichen Simsen überlebte kein einziges Küken mehr, da auch die Helfer keine Zeit mehr zum Helfen hatten.

Doch im ganzen betrachtet, stellt das Helfer-Phänomen bei den Lummen gegenüber dem des Lachenden Hans schon einen beachtlichen Fortschritt dar: Die Nachbarn der Lummen in der Steilwand sind weder erwachsene Kinder, die ihren Eltern helfen, noch irgendwie anders miteinander verwandt. Somit sind es hier wildfremde Wesen, die einander in der Not zu Hilfe kommen.

14. Der Kampf mit der Königskobra

Alles, was der vierjährige Knabe Miraj noch tun konnte, war, gellend zu schreien. Er war ganz allein durch den Gemüsegarten gelaufen, der hinter dem Haus an den indischen Dschungel grenzte, als er auf eine Königskobra stieß.

Mit einem Ruck richtete sich die Schlange vorn hoch, züngelte giftig und pendelte hin und her. Miraj war vor Schreck zur Salzsäule erstarrt und schrie. Aber kein Mensch hörte ihn, da die anderen Dorfbewohner alle auf den Reisfeldern arbeiteten.

Doch plötzlich rauschte es über ihm in der Luft. Ein wildlebender Pfauenhahn flatterte von den Ästen eines Baumes herab und stürzte sich auf die Giftschlange. Blitzschnell duckte sich das Reptil weg. Der Pfau stieß ins Leere. Dann visierte die Schlange den Vogel an, der nun als »Fußgänger« heranschritt, die 1,60 Meter lange Schleppe seiner Balzfedern hinter sich herschleifend.

An die 15 Minuten wogte der Kampf hin und her. Schließlich hatte der Pfau die Königskobra kurz hinter dem Kopf fest im Griff. Ein paar Schnabelhiebe, und die Schlange war nur noch ein lebloser Schlauch. Am Abend feierte das ganze indische Dorf die Rettung von Mirajs Leben durch den Pfau.

Was bei uns die wenigsten wissen: Trotz seiner weiblich anmutenden Schönheit und der »unnütz« langen Schmuckfedern ist der Pfauenhahn keineswegs ein schwächlicher Zimtstengel. In Indien gilt er vielmehr als ebenso geschickter Schlangentöter wie der Mungo. Er stellt den Reptilien so fanatisch nach, daß eine Gegend, in der Pfauen leben, weitgehend als schlangenfrei gelten kann.

In weiten Teilen Indiens besteht schon seit Jahrtausenden eine enge Freundschaft zwischen Menschen und wildlebenden Pfauen. Dieser Schönheitskönig unter den Vögeln wird als Verkörperung des Gottes Krishna verehrt.

So ist der Pfau hier allein durch seine Zutraulichkeit zum Menschen, ohne Haltung in Gefangenschaft, praktisch von selbst zu einem Fast-Haustier geworden. Besonders des Abends kommt er in die Dörfer und flattert möglichst im Zentrum auf die Bäume, um dort, sicher vor Feinden, zu übernachten.

Der Pfau fürchtet im wesentlichen nur den Tiger und den Leoparden. Für diese Feinde scheint er aber einen siebten Sinn zu haben. Wenn solch ein Raubtier durch den Dschungel streift, erkennt er es – meist! – noch rechtzeitig und alarmiert die ganze Gegend mit schmetternden Fanfarenstößen.

Auch die Menschen in Mirajs Dorf kannten genau diesen Alarmruf: »Vorsicht! Tiger!« und eilten, sobald sie ihn hörten, von den Reisfeldern schnell ins Dorf, wo sie sich in den Häusern verbarrikadierten.

Die Freundschaft mit dem Pfau bringt der indischen Landbevölkerung also auch große Vorteile.

Außerdem ist der stolze Vogel ein Wetterprophet. Schon einige Stunden bevor heftige Gewitterregen niedergehen, läßt er besonders häufig seinen Balzruf erschallen. Die Inder hören hier »minhao!« heraus. In deutscher Übersetzung heißt das soviel wie: »Regen kommt!«

Ganz instinktiv scheinen die Tiere zu wissen: Wenn die Zeit der Monsunregen beginnt, können wir Kinder kriegen, denn dann ist die Dürre vorbei, und wir finden genug Futter für unsere Küken.

Für den »eitlen« Pfauenhahn können schwere Gewitterböen aber auch peinliche Nachteile haben. Einmal entfaltete ein Männchen mit Namen Radscha gerade vor dem Weibchen Semiramis seine hundert Schmuckfedern zu einem prachtvollen Rad mit einem Durchmesser von 3,20 Meter.

Wie leuchtende Sterne am Himmelszelt, wie Juwelengeflimmer auf samtenem Vorhang, so blitzte und irisierte der gespreizte Federschmuck in märchenhafter Pracht.

Semiramis, auch selbst mit einer zierlichen Prinzessinnen-Krone auf dem Kopf geschmückt, hätte sich nun eigentlich wie einst Farah Diba auf dem Pfauenthron fühlen müssen. Aber sie beachtete Radschas märchenhafte Prachtentfaltung überhaupt nicht, sondern pickte gelangweilt nach einigen Körnern, die in Wirklichkeit gar nicht vorhanden waren.

Dann versuchte sie, schnell die Kurve zu kriegen, um hinter seinem Rücken weiteren Nachstellungen zu entgehen. Doch wie ein Banner im Wind schwenkte Radscha herum und begann mit all seinen Schmuckfedern in höchster Liebeserregung zu zittern, daß sein Gefieder raschelte und knisterte. Schließlich trieb er sie in eine Ecke, aus der sein gewaltiges Rad jeden Fluchtweg versperrte. Und gerade als er dachte, er könne die Paarung vollziehen, brauste eine Gewitterböe daher, erfaßte ihn wie einen Papierdrachen und ließ ihn gut dreißig Meter durch die Luft segeln.

Für den nächsten Anlauf seiner stürmischen Liebe suchte er sich ein etwas weniger stürmisches Wetter aus.

15. Delphine retten Menschen das Leben

Der 36jährige ägyptische Ingenieur Abu Gindali glaubte, seine letzte Stunde habe geschlagen. Er war allein mit einem alten Motorboot unterwegs von Suez zum 15 Kilometer entfernten Ras Adabija, als das Schiff leckschlug und sank. Gindali schwamm kaum zehn Minuten im Meer, da sah er die Rückenflosse eines Haies direkt auf sich zukommen.

Gleich darauf tauchte noch eine zweite Rückenflosse auf. Sie war aber nicht so dreieckig wie die des Haies, sondern hakenähnlicher: ein Delphin! Schnurstracks schnitt dieser dem Hai den Angriffsweg zum Menschen ab, umkreiste ständig den Schiffbrüchigen und drängte den Hai jedesmal zurück, wenn er gefährlich nahe kam.

Trotz seines »Leibwächters« war der Ingenieur nach zwanzig Minuten mit den Nerven fertig, bekam einen Wadenkrampf und schwebte in Gefahr, zu ertrinken. Da holte der Delphin zum entscheidenden Schlag gegen den Hai aus. Mit gewaltigen Schlägen seiner Schwanzflosse beschleunigte er sein Tempo auf etwa 60 km/st und rammte den Hai in der Seite ... ein-, zwei-, dreimal, bis der Raubfisch mit zerbrochenem Knorpelskelett tot in die Tiefe sank.

Gleich darauf stupste der Delphin den total erschöpften Menschen mit dem Kopf in Richtung auf die Küste. Sobald Gindali unterzugehen drohte, schob sich das Tier behutsam von hinten unter ihn und trug ihn wieder zur Oberfläche, damit er atmen konnte. Endlich sichtete eine Dhau das ungleiche Paar und nahm Gindali an Bord. Sieben-, achtmal umrundete der Lebensretter noch das Schiff, vollführte ein paar Luftsprünge und entschwand dann in der Weite des Meeres.

Daß ein treues Haustier, etwa ein Bernhardiner, Menschen rettet, ist bekannt. Hier aber betätigte sich ein fremder, wildlebender Delphin als schwimmender Schutzengel des Menschen und als Scharfrichter für den mörderischen Hai zugleich!

War dieses Ereignis ein Wunder, ein mysteriöser Einzelfall, oder beweist es eine Art Ur-Freundschaft eines Tieres zum Menschen? Erstaunlicherweise häufen sich ähnliche Meldungen in den letzten Jahren aus allen Weltmeeren.

1962 war vor dem kleinen japanischen Hafen Sakinohama ein Küstenmotorschiff nach der Explosion des Treibstofftanks gesunken. Zwei Überlebende trieben im Wasser. Als plötzlich mehrere Rückenflossen die Wasseroberfläche furchten, schrien die Männer vor Angst, weil sie dachten, es wären Haie. Statt des Bisses spürten sie aber, wie sich glatte Körper unter sie schoben und sie regelrecht reiten ließen wie einst Sindbad, den Seefahrer. Es waren Delphine.

Und noch bevor andere Schiffe zur Stelle waren, hatten die »Philanthropen des Meeres« die Matrosen ins seichte Ufergewässer getragen.

Dieser amtlich belegte Vorfall ist um so bemerkenswerter, als schon ein Jahr zuvor, also 1961, vor dem gleichen Hafen drei schiffbrüchige Seeleute von Delphinen dem nassen Tod entrissen worden waren.

Ein Schnellboot der amerikanischen Küstenwacht bestätigte 1967, daß die schwerbeschädigte Segelyacht eines Mr. Lee-Edwards vor der Küste Floridas ständig von etwa achtzig Delphinen umkreist wurde. Diese Meeressäuger beschäftigten sich damit, ganze Rudel großer Haie von dem sinkenden Schiff fernzuhalten.

Mit diesen und ähnlichen Berichten bewies jetzt der international bekannte Delphinforscher Professor G. Pilleri, daß die legendäre Hilfsbereitschaft der Delphine dem Menschen gegenüber, die schon vor 2500 Jahren griechische und später auch römische Geschichtsschreiber und Naturhistoriker dokumentierten, in unseren Tagen eine wunderbare Fortsetzung erfährt.

Bereits Herodot erzählt aus dem Jahre 620 v. Chr. die berühmte Geschichte von dem Dichter und Sänger Arion von Lesbos. Auf der Heimfahrt von einem »Kampf der Wagen und Gesänge« im sizilianischen Syrakus wurde der gefeierte Sieger von Neidern über Bord geworfen. Er kam aber mit dem Leben davon, weil ein Delphin den Götterfreund aufsitzen ließ und zum Ufer der nächstgelegenen Insel brachte. Auch der Grieche Koiranos soll nach dem Untergang seines Schiffes bei der Insel Mykonos von einem Delphin gerettet worden sein.

Dabei muß man bedenken, daß im seichten Ufergewässer der Transport eines Menschen für den Delphin ebenso gefährlich ist wie für uns der Tanz auf dem Seil ohne Netz. Das zeigte sich bereits am Beispiel des Dionysios von Jasos. Jasos war eine kleinasiatische Stadt bei Milet. Als Knabe schloß Dionysios 320 v. Chr. beim Baden Freundschaft mit einem Delphin. Er spielte mit ihm und durfte sogar auf ihm reiten. Dieses damals von vielen Menschen am Ufer bestaunte Geschehen wurde als »Knabe auf dem Delphin« zum berühmten Motiv antiker Poesie und bildender Künste. Allerdings ging diese Geschichte tragisch aus: Eines Tages wagte sich das lustige Tier mit dem Jungen so weit zum Strand vor, daß es nicht mehr ins tiefe Wasser zurückschwimmen konnte und starb.

Mehrere Jahrzehnte später, so berichtet Plutarch, schloß ein griechischer Junge mit Namen Hermias ebenfalls vor der Küste von Jasos Badefreundschaft mit einem Delphin. Um das Tier nicht in Ufernähe zu gefährden, ritt er auf ihm weit ins Meer hinaus. Schließlich wurde er auf See von einem Sturm überrascht, konnte sich nicht auf dem Rücken halten und ertrank. Aber das menschenfreundliche Tier trug den Leichnam des Jungen ans Ufer, blieb neben ihm liegen und verschied.

Zwei weitere Fälle von monatelangen Freundschaften zwischen den Wundertieren und Menschenkindern überlieferten uns Plinius der Ältere und sein Neffe vom nordafrikanischen Hafen Hippo, dem heutigen algerischen Annaba (Bone), und vom Lukrinersee, der damals eine kleine Bucht am nördlichen Golf von Neapel bildete.

In unseren Tagen, nämlich 1955, wiederholte sich genau die gleiche Erscheinung vor dem nordneuseeländischen Hafen Opononi. Heute wie damals in der Antike strömten Schaulustige in hellen Scharen herbei. Die Polizei sorgte dafür, daß die Erwachsenen im Wasser den Kindern den Vortritt ließen. Ganze Schulklassen durften mit Opo, wie man den Delphin nannte, spielen. Er bolzte Bälle zurück, tauchte nach allerlei Gegenständen und ließ sich streicheln. Auf ihm reiten durfte aber nur ein einziges Kind: diesmal kein Knabe, sondern ein Mädchen, die 13jährige Jill Baker. Sie brauchte sich im Wasser nur breitbeinig hinzustellen, gleich kam Opo herbei, schlüpfte unter sie, und ab ging die Fahrt des Mädchens auf dem Delphin.

Weshalb sich das Tier unter den Hunderten von Kindern ausgerechnet die kleine, zurückhaltende Jill zu seinem besonderen Spezi erkor, wird uns immer ein Rätsel bleiben.

Der Spaß mit dem tierischen Spielfreund dauerte einen Sommer lang. Dann starb Opo unter mysteriösen Umständen auf einem Riff vor dem Hafen. Wahrscheinlich ist er von Dynamitfischern tödlich verletzt worden.

Die Freundschaft zwischen Delphin und Mensch erstreckt sich aber auch auf das Nützliche. Bereits Plinius berichtet als Augenzeuge aus dem Jahre 70 n. Chr., wie ein ganzer Delphinschwarm den Fischern von Narbo, dem heutigen Narbonne nahe der französisch-spanischen Grenze, bei der Arbeit half. Alljährlich drangen riesige Makrelenschwärme in die dortigen Lagunen ein. Das nutzten die Fischer gemeinsam mit den Delphinen zu einer großen Kesselschlacht: Von der Lagune her kamen die Menschen mit ihren Booten und Netzen, und von See her trieben die Delphine in breiter Front die Schwärme vor sich her geradenwegs in die Netze. Es versteht sich, daß die »Fischergehilfen« einen so reichen Teil von der Beute abbekamen, daß sie den Menschen bei jeder sich bietenden Gelegenheit wieder halfen.

Da das Umzingeln von Fischschwärmen zum ganz natürlichen Jagdverhalten der Delphine gehört, nimmt es nicht wunder, ähnliche Geschichten auch aus der Gegenwart von verschiedenen Weltmeeren zu hören:

Im mauretanischen Fischerdorf El Mahara bewahren die Delphine die Menschen heute noch vor Hungersnot, indem sie Fischschwärme vom offenen Atlantik vor sich her in die Hafenbucht treiben. Ähnliches wird von einem tasmanischen Fischerdorf südlich von Australien und von einigen Südseeinseln berichtet. In Burma, im Delta des Irrawaddy-Flusses, besitzt jedes Fischerdorf sogar seinen eigenen Pfadfinder-Delphin. Er ist zutraulich wie ein Haustier, obgleich er in völliger Freiheit lebt. Wenn die Boote zum Fang ausfahren, erkundet das Tier die Fischgründe und geleitet die Menschen dorthin, wo sich das Netzauswerfen lohnt.

In genau gleicher Weise hilft der Amazonas-Delphin den Indios. Sie verehren ihn als Gottheit, weil er auch die Leichen Ertrunkener zum Ufer zurückbringt. Wer hier einen Delphin tötet, wird mit Blindheit bestraft.

Es kann sogar vorkommen, daß Delphine Menschen um Hilfe

bitten. So geschah es Anfang Oktober 1966 im Schwarzen Meer. Vor der Küste der Halbinsel Krim hatte sich ein Jungtier so in der Ankerkette einer Boje verfangen, daß es die erwachsenen Tiere nicht daraus befreien konnten. Deshalb schwamm ein Teil des Trupps zu einem gerade in den Hafen einlaufenden Fischerboot, umkreiste es mit demonstrativen Luftsprüngen und lenkte es zur Unfallstelle. Die Fischer sägten die Kette durch und befreiten das Delphinkind. Daraufhin gab der gesamte, dreißigköpfige Trupp dem Boot unter Freudensprüngen das Geleit bis in den Hafen.

Die Frage nach dem Grund der Freundschaft des Delphins zum Menschen ist schwer zu beantworten. Obwohl ein Delphin einen Menschen genauso schnell töten könnte wie ein großer Hai, hat er dies noch nie getan, selbst dann nicht, wenn der Mensch gerade dabei war, den Delphin umzubringen (was leider viel zu oft geschieht).

Am mangelnden Aggressionsinstinkt kann es nicht liegen, denn Haien gegenüber kann der Delphin zur rasenden Furie werden. In der Karibischen See wurden mehrfach blutige Schlachten zwischen Haischwärmen und dreißig- bis achtzigköpfigen Delphingeschwadern beobachtet. Fast wäre man versucht, den Delphin uns gegenüber einer höheren Form von Humanität für fähig zu halten.

16. Wenn Helfenwollen tödlich ist

In der Kolonie der etwa 200 Erdhörnchen an den Hängen des Kaskadengebirges herrschte Hochbetrieb. Die tägliche Grasmahlzeit füllte bereits die Mägen. Während sich die einen in den Strahlen der untergehenden Sonne wärmten, spielten die anderen Haschen, Burgverteidigen oder Ringkampf. Einige dieser possierlichen, mit unseren Eichhörnchen verwandten Tiere küßten und liebkosten sich.

Keiner bemerkte die tödliche Gefahr, die in Gestalt eines Präriewolfes näherschlich. Jeder Stein, jeden Busch als Deckung nutzend, arbeitete sich der Räuber an die Kolonie der Erdhörnchen heran.

Nur noch sieben Meter trennten ihn von seinem Opfer, einem Männchen, das etwas außerhalb der Kolonie gerade mit seiner Fellpflege beschäftigt war. Im selben Augenblick, als der Präriewolf hochsprang, entdeckte ihn das Männchen und huschte lautlos und blitzartig in seinen Erdbau. Gerettet!

Im Bruchteil einer Sekunde suchte sich der Räuber ein neues Opfer: Ein Weibchen, das sich in der Nähe sonnte. Es sah den springenden Feind sofort, aber statt zu fliehen, schrillte es eine hastige Serie von Alarmpfiffen durch die Luft.

Dies hören und im Erdloch verschwinden, war für alle Nachbarn eins. Nur die Alarmgeberin selber hatte es erwischt. Die Pfiffe kosteten sie eine Sekunde Zeit und damit das Leben.

Ähnliche Ereignisse beobachtete der amerikanische Zoologe Professor P. W. Sherman im Jahre 1978 bei dieser Erdhörnchenkolonie noch oft:

Floh das von einem Präriewolf, einer Wildkatze oder einem Greifvogel angegriffene Tier lautlos in sein Loch, konnte es sich selber meist retten. Das war fast durchwegs bei den Männchen der Fall. Die Weibchen hingegen alarmierten und retteten ihre Nachbarn und mußten diese Selbstlosigkeit des öfteren mit dem Leben bezahlen.

Dies ist die krasseste Form der Uneigennützigkeit: Man opfert sein eigenes Leben, damit andere gerettet werden. Und diese findet sich ausgerechnet im Reich der Erdhörnchen, und zwar nicht etwa als besonders heroische Ausnahmeerscheinung, sondern als Regelfall.

Hilfsbereitschaft unter Tieren bis zur Selbstaufopferung ist ein Phänomen, mit dem die zoologische Wissenschaft bis vor kurzem nicht viel anzufangen wußte, obwohl zahlreiche Beispiele dafür beobachtet wurden. Diese Erscheinung entzog sich dem systematischen Experiment, der jederzeit wiederholbaren Überprüfung, der theoretischen Gesetzmäßigkeit und schien sogar im Gegensatz zur

These vom »Kampf ums Dasein«, vom »Fressen und Gefressenwerden«, zu stehen.

Kürzlich hat jedoch der amerikanische Professor W. D. Hamilton eine Vererbungstheorie für die Entstehung selbstlosen Verhaltens aufgestellt.

Sie besagt: Hilfsbereitschaft entsteht bei einer Tierart als normatives Verhaltensinventar immer nur dann, wenn durch den Rettungsakt die Erbsubstanz des sich Aufopfernden in den Geretteten weiterlebt. Danach, so lautet die These, helfen Tiere nicht allen Artgenossen, sondern nur ihren nächsten Verwandten.

Das einfachste Beispiel dieser sogenannten »Verwandtschafts-Selektion« (englisch: »Kin Selection«) ist die Tiermutter, die sich einem weit überlegenen Feind selbstmörderisch entgegenwirft, damit sie gefressen wird, ihre Kinder aber weiterleben können.

Im Falle der Erdhörnchenkolonie liegen die Dinge verwickelter. Vor allem gibt die Frage zu denken, wieso gerade die Weibchen so aufopferungsvoll handeln und die Männchen nicht.

Hierzu ein Blick auf das Gesellschaftsleben in der Hörnchenkolonie: Die jungen Männchen verlassen den Verband ihrer Mutterfamilie bereits vor Einbruch des ersten Winters. Nun stromern sie allein durch die Gegend und nicht etwa in Bruderschaften wie die Löwen.

Im Frühjahr zur Paarungszeit wildern sie quer durch die Landschaft und begatten hier und da und dort die einander entferntesten Weibchen, von denen jedes umgekehrt auch mehrere Liebhaber zu sich läßt.

Nach der Paarung denken die Männchen gar nicht daran, ihre Weibchen zu schützen oder sich an der Aufzucht der Jungen zu beteiligen. Im Gegenteil, sie sind dann schon über alle Berge.

Warum also sollten sie nach der »Verwandtschafts-Selektion«, die das Überleben nur der eigenen Gene begünstigt, selbstmörderische Alarmpfiffe ausstoßen? Sie würden damit kaum eigene Verwandte retten, sondern nur Fremde.

Ganz anders jedoch die Weibchen. Heranwachsende Töchter bleiben stets in der Nähe ihrer Mutter. Auch wenn sie geschlechtsreif werden, graben sie sich ihren Bau in der unmittelbaren Nachbarschaft.

Ihre Alarmpfiffe werden also von den eigenen Kindern, den Schwestern, der Mutter und den Tanten am lautesten gehört, und sie sind es dann auch, in denen die eigenen Gene weiterleben. Insofern ist ihr Opfer also nicht umsonst gewesen.

Das ist sozusagen eine »genetische Vetternwirtschaft«. Professor Sherman nennt es auch ganz folgerichtig: »Nepotismus.«

Aber warum soll bei einer Verhaltensweise, die wie diese instinktive Rettungshandlung über die Gene vererbt wird, nicht das Prinzip der Selbsterhaltung der Gene (statt der Person!) obwalten? Viele Rätsel des Altruismus lassen sich mit der Hamilton-Theorie überhaupt erst erklären.

So manche Frage bleibt allerdings noch offen. In der Nähe der Kolonie lebte ein einzelner Ammerfink. Wenn er einen Rotluchs heranschleichen sah, warnte er mit schrillen Pfiffen, und augenblicklich verschwanden alle Erdhörnchen in ihren Löchern. Hier kann man wohl kaum von Vetternwirtschaft sprechen.

Überdies zeigen bereits die Beispiele der menschenrettenden Delphine, der ziegenhütenden Paviane (Ahla war nicht der einzige in diesem »Beruf«!) sowie der Nachbarschaftshilfe bei den Lummen, daß viele Tiere auch Nichtverwandten helfen.

Uneigennütziges Verhalten ist bei Tieren sicherlich einst so entstanden, wie die Hamilton-These es erklärt. Aber viele Tiere haben ebenso sicher einen Schritt vorwärts in der Evolution der Ethik vollzogen, indem sie selbstloses Handeln und Hilfsbereitschaft auch auf Nichtverwandte ausdehnen, ja sogar auf Artfremde, zum Beispiel auf den Menschen.

III.

Seltsame Eheverhältnisse

17. Bei Flußpferden regieren die »Damen«

Ein Flußpferdweibchen wiegt im Durchschnitt »nur« 45 Zentner. Das sind etwa 10 Zentner weniger als die Masse eines Bullen. Entsprechend schwächer ist auch die Kampfkraft des weiblichen Geschlechts. Dennoch übt es mit Hilfe einer Art Müttergewerkschaft die Herrschaft über die Männchen aus. Die Flußpferd-»Damen« haben einen Idealfall weiblicher Emanzipation verwirklicht, wie folgendes Erlebnis beweist:

Träge strömte der tansanische Rufidjifluß seinem Mündungsdelta entgegen. An einer seichten Stelle unweit des Ufers hörte man von Zeit zu Zeit ein Flußpferd in der schwülen Mittagsluft schnaufen. Im übrigen lagen alle 47 Tiere auf Tauchstation. Nur die Nüstern, Augen und Ohren schauten über die Oberfläche. 26 Weibchen dösten hier mit ihren Kindern, während sich neun Bullen in respektvollem Abstand um die Kühe postiert hatten.

Daß diese Gesellschaft alles andere als ein Harem versklavter Weibchen war, zeigte sich am späten Nachmittag. Obwohl die Paarungszeit noch nicht gekommen war, spürte der Bulle Caliban das Verlangen, sein Lieblingsweibchen Pommy zu besuchen. Doch das ging nicht so ohne weiteres. Erst mußte er Pommy und alle ihre Freundinnen um Erlaubnis bitten, näher kommen zu dürfen, indem er liebreizend nach ihr rief. In Menschenohren klang das allerdings mehr wie ein Rülpsen.

Nachdem sie ihn etwa anderthalb Stunden hatte zappeln und sich heiser rufen lassen, röhrte sie Antwort: »Jetzt darfst du kommen!« Sofort gingen alle Weibchen auf Tiefe. Das war ihr Signal, daß auch sie mit Pommys Herrenbesuch einverstanden waren.

Zögernd näherte sich Caliban in demütiger Haltung. Plötzlich stolperte der Dicke über ein Unterwasserhindernis. Es platschte und spritzte. Wütend fuhren zwei Weibchen hoch, sperrten ihr Maul auf wie eine Kleidertruhe und fauchten Caliban übelriechende Gase ins Gesicht. Vor diesem »Mundgeruch« versank er untertänigst im Wasser. Hätte er das nicht getan, wäre er von allen Weibchen in Gemeinschaftsaktion fürchterlich verprügelt und davongejagt worden.

Endlich, nach einer halben Stunde, waren alle Weibchen wieder beruhigt untergetaucht, und Caliban konnte sein Weibchen besuchen. So sorgen Flußpferdweibchen dafür, daß sich die »Männer« in »Damengesellschaft« anständig benehmen und nicht randalieren.

Dabei dienen diese »Herrenbesuche« – ganz platonisch – nur dazu, alte Bekanntschaften aus der vorjährigen Paarungszeit nicht einschlafen zu lassen. Denn Wochen später, wenn die neue Liebes-

Saison anbricht, ist es genau umgekehrt. Dann gilt nur die Damenwahl. Die Weibchen kommen aus ihrem »Anti-Männer-Schutzverein« heraus, erwählen sich ein Männchen und ziehen mit ihm in zweisame Einsamkeit. Das ist also der Sinn der »Anstandsbesuche« der Bullen: Sie sind gleichermaßen ein Zeichen männlicher Unerschrockenheit wie galanten Benehmens. Damit erhöhen sie die Chancen, später von dem Weibchen, das sie lieben, auch erwählt zu werden.

Doch bevor es soweit ist, herrscht unter den männlichen Randfiguren blanker Terror. Es geht um die besten Logenplätze in der Nähe der Weibchen. Der Herausforderer schaut den Etablierten aus etwa dreißig Meter Abstand an, reißt das Riesenmaul auf und brüllt, daß die Luft vibriert.

Dann beginnt das sogenannte Gegentauchen. Prustend geht der Angreifer in der trüben Brühe auf Tiefe. Mit Recht befürchtet der Verteidiger einen Überraschungsangriff aus dem Undurchsichtigen und taucht ebenfalls. Beide spielen nun »Blinde Kuh«.

Kommen sie nahe beieinander hoch, beginnt der dritte Akt: der Gestankskrieg. Ihn gewinnt derjenige Bulle, der innerhalb kurzer Zeit die größten Kotmassen ausscheiden und mit dem kurzen Schwanz propellerartig durch die Gegend wirbeln kann. Das imponiert gewaltig. Nur in Remis-Situationen geht es weiter, und zwar mit dem Maulaufreißen. Beide Gegner stehen sich Kopf an Kopf gegenüber und tragen ein Rülpsduell aus.

Erst wenn hierbei keine Entscheidung fällt, kommt es zum Ernstkampf. Er kann bis zu zwei Stunden dauern. Dabei bringen sich beide mit den halbmeterlangen Stoßzähnen blutende Wunden bei, die jedoch schnell verheilen.

Nach einer Tragzeit von siebeneinhalb bis acht Monaten spürte Pommy die bevorstehende Geburt und entfernte sich wieder aus der »Tantengesellschaft« in die Einsamkeit. Unter Schmerzen, aber dennoch lautlos, tauchte sie zwei Meter tief. Plötzlich schoß ihr Baby wie ein Sektkorken aus dem Wasser, gefolgt von einer Blutfontäne. Die Nabelschnur riß. Ein neuer Erdenbürger war geboren: 1,27 Meter lang und 50 Kilogramm schwer.

Mehrere Wochen lang blieben nun Mutter und Kind in der Einsamkeit. Auch der Vater kümmerte sich überhaupt nicht um sie. Zwanzig Prozent aller Jungen sterben in dieser Zeit. Sie werden von Krokodilen geschnappt oder während des nächtlichen Landganges zu den Weideplätzen, wo die Mutter in einer Nacht etwa 30 Kilogramm Gras mampft, von Löwen, Leoparden oder Hyänen gefressen.

Deshalb hielt sich das Kind stets so dicht an einem Vorderbein der Mutter, als klebte es an ihr. Schon drei Schrittchen zur Seite, und das Baby bekam von der Mutter einen Kopfstoß, daß es sich mehrmals überschlug. Dann kauerte es sich ergeben nieder. Doch schon im nächsten Moment walzte der mütterliche Koloß wieder zärtlich heran und leckte und liebkoste das Baby mit seinem großen Schlabbermaul.

Flußpferdmütter verfügen leider nicht über so hochstehende sprachliche Fähigkeiten, daß sie ihren Kindern mit Worten begreiflich machen können, wo überall Todesgefahren lauern. Trotzdem verstehen sie es, ihre Kinder genausogut zu erziehen wie ihre Männer. Wenn die Methode auch ziemlich robust ist, so folgt doch das Element der Liebe auf dem Fuße, damit die lebenswichtige Bindung zwischen Kind und Mutter keine Risse bekommt.

Wie wichtig das war, sollte sich bald zeigen.

Einmal griff ein Krokodil im trüben Wasser an. Pommy sah es in letzter Sekunde, rollte ihren massigen Leib über ihr Kind und drückte das Krokodil in die Tiefe. Als es wieder hochkam, haute Pommy mit ihrem Riesenmaul zu wie mit einem gigantischen Nußknacker und zerdrückte den Drachen in zwei Teile. Dann nahm sie ihr Kind in ihr Maul wie in einen Transportbehälter und trug es behutsam an einen sicheren Ort.

18. In der Discothek der »Damenwinker«

Als die »Dame« auftauchte, waren an die 600 Männchen buchstäblich aus dem Häuschen.

Blitzartig kamen sie aus ihren Unterkünften hervor, bildeten ein Spalier, winkten ihr aus Leibeskräften zu, tanzten einen heißen Beat und trommelten erregende Rhythmen auf das »Parkett«.

Die erwähnten Liebhaber konnten das besonders gut. Denn sie besaßen acht Beine. Ich meine die Winkerkrabben. Und ihr Tanzparkett ist der Schlickboden, der an der Küste des Golfes von Panama bei Ebbe trocken liegt.

Gewunken wird mit einer geradezu furchterregenden Kneifschere, die im Takt hochgehoben wird und dabei schneeweiß aufblitzt wie ein Taschentuch, das wir Menschen oft zum gleichen Zweck schwenken.

Bevor die große tierweltliche Discoschau beginnt, putzt jedes Männchen seine Winkschere mit selbstproduziertem Seifenschaum auf Hochglanz. Denn bei diesem Überangebot an »Männern« hat nur derjenige Chancen bei der nun bevorstehenden »Damenwahl«, der am weißesten blitzt und am schicksten tanzt. Bei etwa hundert Männchen auf jeden Quadratmeter keine leichte Aufgabe!

Als das Weibchen in die Nähe der Winkerkrabbe namens Travolta kam, begann diese geradezu rasend zu winken und schier unwiderstehlich zu tanzen. Als Travolta den Eindruck hatte, daß sich die Umworbene für ihn interessiere, machte er vor ihr einen tiefen achtbeinigen Knicks, schlug einen Trommelwirbel auf den Boden, zupfte sie am Bein und verschwand eilig in seinem ein Meter tiefen, fahrstuhlschachtartigen Loch, in der Hoffnung, das Weibchen möge ihm ebenso eilig dort hinein folgen. Paarungen finden nämlich nur im Eigenheim statt.

Sie aber schaute nur ganz flüchtig in den Schacht und krabbelte gelangweilt weiter, ohne sich um den enttäuschten Travolta zu kümmern, der nun blitzartig wieder aus seinem Bau nach oben schoß und mitleiderregend, aber erfolglos hinter der Enteilenden herwinkte. Denn andere Männchen in der Nachbarschaft hatten schon längst einen Ring rockender, tanzender Angeber um die »Dame« geschlossen.

Tags darauf hätte Travolta beinahe mehr Glück gehabt, wenn sein nur zehn Zentimeter von ihm entfernter Nachbar Udo nicht auch eine unerhörte Anziehungskraft auf Weibchen ausgeübt und einen ganz üblen Trick angewendet hätte.

Fast hatte Travolta die »Dame« schon so weit. Wieder verschwand er hoffnungsfroh in seinem Loch. Doch im selben Augenblick war Udo zur Stelle, um ihr in höchster tänzerischer Ekstase den Hof zu machen. Das war genau der kritische Augenblick.

Denn Travolta saß, für die »Dame« nunmehr unsichtbar, in seinem Loch, und Udo winkte und tanzte unmittelbar vor ihren Stielaugen in voller Verzückung.

So ist das mit der Liebe, wenn der »Unwiderstehliche« von der Bildfläche verschwunden ist: Andere spielen ungehindert ihre Trümpfe aus. Und: aus den Augen, aus dem Sinn!

Doch Rache ist süß. Als nunmehr Udo soweit Attraktivität ausgestrahlt zu haben glaubte, daß er siegessicher in seinem Loch verschwinden konnte, war Travolta schon wieder auf dem Plan und machte ihm die Braut abspenstig.

So ging das genau 23mal hin und her. Es war ein regelrechtes Tauziehen mit Anziehungskräften und krabbenhaftem Charme um die Gunst des Weibchens. Dabei jedesmal wieder fahrstuhlartig einen Meter nach oben zu flitzen – das geht allmählich über die Kondition der nur zentimeterkleinen Tierchen. Beim 24. Mal mußte Travolta etwas in seinem Loch verschnaufen und konnte also nicht mehr mit seinem Liebreiz verhindern, daß die »Dame« dem Udo ins Löchlein folgte.

Es gibt unter den Winkerkrabben allerdings auch solche, die dieses anstrengende »Charmeduell« umgehen, indem sie handgreiflich werden. Sie zwicken mit ihrer gewaltigen Schere das Weibchen nicht nur – wie üblich – ein wenig und neckisch am Bein, sondern sie kneifen sich am Bein richtig fest und ziehen die Braut hinter sich her ins Loch hinein. Sicher ist sicher.

Jedoch können die Weibchen, wenn sie wollen, gegen diese Behandlung mit einem wilden Tanz protestieren. Sie richten sich auf ihren Beinen hoch auf und stehen da wie auf acht Stelzen, knicken wieder tief ein und »pumpen« mit »Liegestützen« schnell auf und nieder.

Dieses »Nein!« wird von allen Männchen respektiert. Vergewaltigungen gibt es nicht – jedenfalls nicht im Reich der Winkerkrabben.

19. Der Hahn belügt seine Hennen

Als die Sonne über dem Bambusdschungel von Thailand aufging, krähte es allenthalben wie einst bei uns auf dem Misthaufen der Bauernhöfe. Die Bankivahähne weckten ihre Haremsweibchen. Es sollte für diese heute noch in Freiheit lebenden Vorfahren unserer Haushühner ein mörderischer Tag werden.

Die Vielzahl der Feinde, denen Hühnerfleisch gut schmeckt, lauert überall. Verteidigungswaffen besitzen diese, etwa mit unseren zu Haustieren gewordenen Zwerghühnern zu vergleichenden

Wildtiere überhaupt nicht. Ihre Überlebenschance sichert ihnen allein jene Ängstlichkeit, die uns immer so übertrieben, lächerlich und dumm erscheint.

Vorsichtig stapfte der Bankivahahn namens Crocker durch den Bambusdschungel zu einem Wasserloch, seine fünf Weibchen hinterdrein. Da entdeckte er, keine zwei Meter vor sich, das züngelnde Drachenmaul einer Riesenschlange. Der Python stieß zu. Doch Bruchteile einer Sekunde zuvor flatterte Crocker mit knatternden Flügelschlägen hoch: das Alarmstart-Signal für seine Hennen, die förmlich mit in die Luft gerissen wurden.

So etwas kann einem Wildhuhn den ganzen Tag verderben. Es findet bis zum Abend keine Ruhe mehr. Und an Eierlegen ist überhaupt nicht mehr zu denken.

Doch der Durst wurde immer unerträglicher. So trieb es die kleine Schar drei Stunden später wieder zum Wasser, diesmal auf einem anderen Weg und noch vorsichtiger.

Kurz vor der Tränke blieben die Hennen in Deckung. Crocker erkundete allein, flatterte dann fünf Meter hoch auf einen Bambus-Aussichtsturm, gab durch Lockrufe Zeichen für seine Hennen zum Trinken und hielt Wache, bis sie fertig waren.

Anschließend schluckte Crocker hastig selbst noch ein paar Tropfen und führte die Seinen dann schnell wieder in Deckung.

Haremspascha zu sein heißt bei Wildhühnern, nicht nur die sexuellen Freuden eines »Hahnes im Korbe« zu genießen, sondern auch die gefährlichen Pflichten eines Anführers und Sicherheitsbeauftragten zu übernehmen, wenn nötig unter Aufopferung des eigenen Lebens. Der Pascha darf gar nicht dumm sein, wie vom Federvieh immer wieder behauptet wird. Ein wirklich dummes Tier würde seine Hennen binnen kurzem in den Tod führen.

Schon jedes Ei, das eine seiner Hennen legt, bringt den Hahn in Lebensgefahr. Sie sitzt ja lange Zeit auf ihrem gut versteckten Nest, ehe sie sich das Ei abgequetscht hat. Inzwischen ist ihre Haremsgruppe auf der Suche nach Futter längst weitergelaufen, und sie weiß gar nicht, wohin.

Deshalb stimmt das Wildhuhn nun ein schier endloses Gekakel

an, das sogenannte Legegackern, das wir auch von unseren Haushühnern kennen. Bei diesen ist es zwar sinnlos geworden, wird aber dennoch mit nicht ermüdender Leidenschaft betrieben. Es ist keineswegs ein Verkünden des »Stolzes auf das gelungene Werk«, wie viele meinen, sondern ein Herdensuchruf.

Sobald der Pascha dieses Gackern hört, kommt er im Laufschritt herbei, um sein »verlorenes« Weibchen zu den anderen zu treiben. Das Gackern macht aber auch Feinde aufmerksam. Und so rennt der Hahn oft genug in die Fänge einer Zibetkatze oder eines Habichts. Aber zu seinem Glück legt ein Wildhuhn nicht »jeden Tag ein Ei«, sondern nur einmal im Jahr vier bis sechs Eier.

Um so bequemer macht es sich der Hahn im Liebesleben. Immer wenn Crocker während der Monsunzeit liebesdurstig wird, steigt er nicht etwa seinem derzeitigen Lieblingsweibchen hinterher. Er macht sich das einfacher. Er kräht nur lauthals: »Viel gutes Futter hier! Alle sofort herkommen!« ... und greift sich dann seine Lieblingsgespielin, während die anderen Hühner vergebens nach dem gar nicht vorhandenen Futter suchen. So belügt der Hahn sein Volk!

Doch an diesem Tag streiften mehrere Bankiva-Junggesellen liebeslüstern in der Nähe umher und riefen von mehreren Seiten: »Viel gutes Futter!« Die Hennen wußten überhaupt nicht, wohin sie zuerst laufen sollten.

Crocker erzürnte das natürlich ungemein, und für den Rest des Tages mußte er jeden Nebenbuhler einzeln in einem rücksichtslos geführten Hahnenkampf besiegen. Zwei seiner Rivalen flohen schwerverletzt. Aber der letzte Gegner war stärker. Er drückte Crocker zu Boden und hackte erbarmungslos auf ihn ein. Wahrscheinlich hätte er Crocker getötet. Doch plötzlich stieß ein Bussard herab und entschwebte mit dem »Sieger« des Hahnenkampfes. Wie durch ein Wunder war Crocker gerettet.

Anderntags konnte er sich wieder seinem Lieblingsweibchen zuwenden. Dies ist übrigens nie ein starkes, ranghohes Huhn. Im Gegenteil: Je rangniedriger ein Weibchen ist, desto liebevoller wird es vom Pascha umbalzt.

Die weibliche Unterwerfungsgebärde ist nämlich zugleich eine Paarungsaufforderung. So hat das unterwürfigste Weibchen gleichsam den meisten »Sex-Appeal«, während die ranghohen Weibchen den Pascha durch ihre Unnahbarkeit und Männlichkeit abstoßen. Er vollzieht die Paarung an ihnen mehr widerwillig. Trotzdem bekommen die ungeliebten starken Weibchen hernach die meisten Küken.

20. Lieblingsfrau wird Haremspascha

Soliman behandelte seine Haremsdamen genauso, wie es in »1001 Nacht« geschildert wird: Das Weib, das ihm ungebeten zu nahe kam, wurde verprügelt; dasjenige, das auszureißen versuchte, wurde verprügelt und gebissen; dasjenige, das zu wenig Respekt zeigte, bekam einen Stoß in die Seite.

Am schlimmsten aber hatte die Lieblingsfrau zu leiden. Sie kannte nur zwei Dinge: entweder Sex oder aber Schläge, meist das letztere.

Zu den erfreulichsten Dingen gehörte noch die tägliche Arbeit: das Putzen und Säubern der Kundschaft, die sich meist sehr zahlreich im »Laden« einfand.

Denn diese rabiaten Haremssitten werden nicht von einem orientalischen Potentaten praktiziert, sondern von den etwa fingerlangen Putzer-Lippfischen (auch Meerschwalben genannt) an den Korallenriffen tropischer Meere.

Ein einzeln stehendes, auffälliges Riff, das als Putzstation besonders gut geeignet ist, wird stets nur von einem einzigen Harem bewohnt. Neue Weibchen sind stets willkommen, fremde Paschas aber werden verjagt, merkwürdigerweise gemeinsam vom regierenden Pascha und allen seinen Weibchen.

Das hat seinen Grund in der äußerst seltsamen Tatsache, daß ein Haremsweibchen zuversichtlicher Hoffnung ist, später einmal selber ein Männchen zu werden und damit auch Pascha.

Diese Geschichte ist so außergewöhnlich, daß sie hier genau erzählt werden muß:

Bereits in früher Morgenstunde kam ein metergroßer Zackenbarsch an das Riff geschwommen, stoppte, öffnete das furchterregende Räubermaul und spreizte beide Kiemendeckel weit ab. Das ist ein deutliches Signal: »Ich will geputzt werden! Aber sofort!«

Augenblicklich kamen Soliman und seine fünf Weibchen aus ihrem Korallenversteck herausgeflitzt und begannen, die Körperoberfläche ihres »Kunden« nach Parasiten, Pickeln, eitrigen Stellen und Hautfetzen abzusuchen und jede Unregelmäßigkeit zu entfernen. Dabei betrillerten alle die kleinen Putzerfischlein den Riesen, der sie mit einem Happ verschlingen könnte, fortwährend und teilten ihm dadurch mit, in welcher Putzpositur er seine Flossen halten sollte.

Schließlich schwammen die Putzer in das zähnestarrende Maul hinein, betätigten sich in der Rachenhöhle als Zahnstocher und Raumpfleger und kamen bei den Kiemenklappen wieder zum Vorschein.

Als der Zackenbarsch meinte, genug geputzt worden zu sein, schloß er sein Maul mit einem Ruck und riß es sofort wieder weit auf. Das war das Signal: »Alle Besucher sofort von Bord, Schiff sticht in See!« Wie Jonas aus dem Maul des Walfisches flitzten die Putzer daraufhin aus der gefährlichen Rachenhöhle heraus und huschten flink in ihr Korallenversteck zurück, wo sie auf neue Kundschaft warteten.

Doch ein Haremsweibchen wollte diese Gelegenheit benutzen, der ständigen Unterdrückung durch Pascha Soliman zu entfliehen. Dieser bemerkte die Flucht noch gerade rechtzeitig, flitzte wie ein Schäferhund hinter der Ausreißerin her und wollte sie wieder heimwärts treiben. In diesem Augenblick stieß eine Muräne aus einer Riffhöhle blitzartig zu und verschlang Soliman.

Nun hatten die fünf Haremsweibchen keinen Pascha mehr. Da vollzog sich etwas Unglaubliches. In den nächsten drei Stunden verwandelte sich das bisherige Lieblingsweibchen Felicitas, die älteste, größte und ranghöchste unter den Haremsdamen, in ein Männchen. Aus Felicitas wurde Felix, aus dem Lieblingsweibchen der neue Pascha höchstpersönlich, der nun sofort die Herrschaft über den Harem antrat. Das bis eben noch selbst unterdrückte Tier veränderte sich binnen kurzem zum Unterdrücker der ehemaligen Leidensgenossinnen.

Diesen Geschlechtswechsel bei ein und demselben Tier im Verlauf seines Lebens nennen wir Protogynie. Es ist ein Spezialfall des Hermaphroditismus, des Zwittertums. Die in den Eierstöcken des Weibchens latent angelegten Hoden entwickeln sich sprunghaft zum männlichen Organ, während sich die Eierstöcke genauso schnell zurückbilden. Der »Herr« ist bei den Putzer-Lippfischen also eine weiterentwickelte »Dame«. Auch gibt es unter diesen Tieren nur junge Weibchen und alte Männchen, niemals Jünglinge und Greisinnen. Das männliche Geschlecht existiert nur in ausgereifter Gestalt.

Aber anders als bei den meisten der übrigen 600 Lippfischarten wird die Geschlechtsumwandlung beim Putzer nicht nur vom Alter herbeigeführt, sondern vor allem durch Wechselwirkungen im Sozialverhalten.

Mit anderen Worten: Durch die ständigen Flossenschläge, Bisse und Rammstöße verhindert der Pascha, daß sich seine Haremsweibchen bereits vor seinem Ableben allesamt in Männchen und Sexualrivalen verwandeln. Ohne immerwährende Einschüchterung, Unterdrückung und Frustration wären überhaupt keine Weibchen mehr im Harem, allenfalls unreife »Mädchen«. Nur wenige Stunden ohne Prügel, und der ganze Harem bestünde nur noch aus Paschas.

Das ist der tiefere Grund für die rauhen Herrschaftsmethoden bei den Putzer-Lippfischen und auch dafür, daß das ranghöchste Weibchen unmittelbar nach der sozial gesteuerten Geschlechtsumwandlung selber zum rabiaten Unterdrücker wird.

21. Nashorn-Liebe ist ein Lotteriespiel

Als der Nashornbulle Bill im Schweinsgalopp die Grenzen seines Reviers abpatrouillierte, bremste er plötzlich so scharf, daß der Staub aufwirbelte. Er warf sich herum und schnüffelte am Boden. Kein Zweifel: Vor wenigen Minuten erst mußte hier ein »heißes« Weibchen über die Grenze in sein Gebiet gewechselt sein.

Bill schaute in die Richtung der Spur. Aber schwachsichtig, wie Nashörner nun einmal sind, konnte er nichts entdecken. Plötzlich bekam er einen gewaltigen Stich ins Hinterteil. Wutschnaubend schleuderte er sich herum ... und stand unmittelbar vor dem achtzig Zentimeter langen Horn auf der Nase von Simon, seinem Nachbarn.

Dieser war der Fährte des Weibchens gefolgt, hatte es aber nicht gewagt, die Grenze zum Nachbarland zu überschreiten. Nun begann, was wir als »ritualisiertes Hornduell« bezeichnen:

Beide schauten sich fünf Minuten lang starr an, wichen wie Politiker auf einer Abrüstungskonferenz beide Zug um Zug gleichmäßig ein paar Meter zurück und wetzten ihre Hörner am Boden: »So wie ich die Erde aufspieße, könnte ich es auch mit dir tun.« Dann starrten sie sich wieder wie Hypnotiseure in die Augen. Schlimmeres geschieht nie. Allerdings kann dieses »Wenn Blicke töten könnten« bis zu einer Stunde lang dauern. Bill ließ es jedoch bei zehn Minuten bewenden. Dann durchzuckte ihn die Angst, das bisher nur erschnupperte Weibchen könne inzwischen auch aus seinem Gebiet wieder hinauswandern.

Während Simon stehenblieb, trabte der Dreitonner mit Höchsttempo der Fährte des Weibchens nach und holte es gerade noch wenige Meter vor der Grenze an der anderen Seite seines Territoriums ein. Er versperrte ihm den Weg und trieb es mit Hornstößen in die Mitte seines Grundbesitzes zurück.

Das Liebesleben der Breitmaul-Nashörner wird nämlich von einer Art Glücksrad beherrscht. Sie kennen keine Einehe, keinen Harem, keinen Kampf um das Weibchen und auch kein Paarungsmonopol des Stärksten. Vielmehr ist die Liebe der Rhinozerosse ein reines Lotteriespiel:

Ein Bulle besetzt das ganze Jahr über ein Gebiet von etwa zwei Quadratkilometer, an dessen Rand er »Grenzsteine« setzt: Misthaufen von beträchtlicher Masse und Sprühspuren von Urin. Hierin duldet er nur Weibchen und bis zu drei Beimännchen, die sich ihm gegenüber stets unterwürfig zeigen und sexuell völlig enthaltsam leben.

Eine Nashornkuh nennt seltsamerweise viel mehr Landbesitz ihr eigen: bis zu 15 Quadratkilometer. Das heißt, ihr »gehören« die Gebiete von sechs oder sieben Bullen. Allerdings hält sie nichts vom Bewachen der Grenzen. Mehrere Nachbarinnen besuchen sich sogar recht oft. Bei Breitmaul-Nashörnern kann das »Damenkränzchen« bis zu sieben Mütter, Töchter, Schwestern und Freundinnen zählen.

Dieser Weiberklüngel streift nach eigenem Gutdünken durch sechs bis sieben Bullenreviere wie ein sich drehendes Glücksrad. Wenn eine Kuh heiß wird, signalisiert sie das in ihrer Duftspur. Das ist gleichsam das Aufleuchten der Lampe am Glücksrad. Und nun kommt es nur noch darauf an, daß der betreffende Bulle, in dessen Territorium der »Glücksstern leuchtet«, seine Chance rechtzeitig erkennt und das Weibchen am Verlassen seines Reviers hindert.

Allerdings gibt es auch einige Bullen, die in jenen Regionen residieren, die von den Weibchen bevorzugt werden, etwa wegen besonders guten oder reichhaltigen Futters, wegen einer ungestörten Lage, schattiger Ruheplätze oder wegen guter Tränken, die auch in der Trockenzeit noch Wasser spenden. Diese Bullen haben ungefähr viermal so oft »Glück« wie andere in weniger günstigen Lagen. Andererseits gibt es auch männliche Nashörner, deren Gebiet so dürftig ist, daß sich niemals ein Weibchen dorthin verläuft.

Nach einigen Einsiedlerjahren geben sie ihren unattraktiven Landbesitz wieder auf. Dann können sie zwischen zwei Möglichkeiten wählen: Entweder sie gesellen sich als Beimännchen untertänigst zu einem erfolgreichen Revierbesitzer, oder aber sie versuchen in massivem Einsatz und scharfem Horngefecht ein günstigeres Revier für sich zu erobern und dort Hauptmännchen zu werden.

Falls der Neue siegt, geschieht wiederum etwas Überraschendes: Der alte Revierbulle wird (von »Betriebsunfällen« abgesehen) weder getötet noch verjagt. Er bleibt in seinem Grundstück, nunmehr jedoch nur als Beimännchen. Der Verlierer, meist ein altes Tier, wird zwar vom Fortpflanzungsgeschäft ausgeschlossen, aber das Lebensrecht wird ihm nicht entzogen. Alte, »überflüssig« gewordene Tiere werden keineswegs vernichtet, sondern in eine

Kleingruppe eingegliedert – bis zu ihrem Alterstod mit etwa 50 Jahren.

Die viel geäußerte Meinung, alte, unnütz gewordene Tiere würden in freier Natur als »schädliche Nahrungsvertilger« beseitigt, trifft nicht zu – jedenfalls nicht für Nashörner.

Auch die Ansicht vom Territorium als Mittel zur Garantierung der Ernährungsgrundlage muß revidiert werden. Gälte es, Futterquellen zu sichern, wäre es unsinnig, nutzlose Beimännchen im Revier zu dulden. Auch wäre es dann nicht zu verstehen, weshalb sich die grenzverteidigenden Bullen mit viel kleineren Revieren zufriedengeben als die Weibchen. Bei den Breitmaul-Nashörnern jedenfalls sind die Reviere nur dazu da, den Paarungsfrieden zu garantieren, ohne den sich diese Tiere gar nicht fortpflanzen können.

Als Bill das Weibchen in die Mitte seines Reiches zurückgeholt hatte, mußte er nämlich im ständigen Wechsel von grobem Schäferhund-Verhalten und zärtlichem Annäherungsversuch mindestens 24 Stunden lang das Weibchen für sich geneigt stimmen. Ohne dieses langwierige Techtelmechtel wäre es niemals mit einem Männchen einverstanden.

Die Paarung selber dauert dann noch einmal etwa zwanzig Minuten. Würde Bill hierbei von Nebenbuhlern gestört, könnte eine Nashornhochzeit niemals vollendet werden. Daher brauchen diese Tiere in der Steppe unbedingt privaten Grundbesitz.

22. Das »Kuckucksspiel« der Straußenhennen

Als der Schwarm der 600 Strauße gerade auf dem Marsch durch die nördliche Kalahari zu einem weit entfernten Wasserloch war, begann es zum ersten Mal seit acht Monaten wieder zu regnen.

Schon wenige Stunden darauf keimten in der schönen Helena, einem zwanzigjährigen Weibchen, erste Liebesgefühle auf. Inmitten der Massengesellschaft schritt sie auf ihr vorjähriges Ehemännchen, den 2,70 Meter großen Hektor, zu. Aber statt ihn zu bezirzen, wählte sie ein anderes Mittel.

Helena streckte ihren Hals gegen ein anderes, zufällig in der Nähe stehendes Männchen und zischte wie eine Schlange. Das bedeutet soviel wie eine Beschimpfung. Zwar lag dafür nicht der mindeste Grund vor, aber wenn Hektor noch ein Fünkchen Zuneigung zu ihr hätte, würde er spornstreichs auf ihrer Seite in den Streit eingreifen. So stellen Strauß-»Damen« die Liebe ihrer Männer auf die Probe.

Und wie Hektor für sie Partei ergriff! Er fuchtelte wild mit den Flügeln, vollführte bis zu anderthalb Meter hohe Luftsprünge und schnaufte und gurgelte markerschütternd aus tiefstem Magengrunde. Der angegriffene Strauß antwortete in gleicher Weise.

Andere Umstehende fühlten sich ebenfalls getroffen. Sie gerieten in Rage, steckten mit ihrer Wut wiederum weitere Kumpane an, und schon wurde der ganze Schwarm vom »Kriegstanz«-Fieber erfaßt. Ein wahres Rockfestival der Drei-Zentner-Vögel brach los.

Es gab jedoch keine Verletzten. Im Gegenteil: Die Weibchen, die ihre Männchen zu den höchsten Tanzleistungen inspirierten, wurden als neue Ehegefährten erwählt. Der scheinbare Kriegstanz wurde zum Liebesspiel, zur sogenannten Massenkommunalbalz.

Bald löste sich Hektor mit Helena und zwei weiteren Hennen, den Nebenweibchen, aus der Menge und marschierte mit ihnen in die Einsamkeit der Steppe zum vorjährigen Brutrevier. Bei Straußen herrscht stets so großer Weibchen-Überschuß, daß sich jeder Hahn mehrere Hennen halten kann.

Aber es ist ein Mini-Harem, bei dem die Weibchen zwar ein gemeinsames Nest unter der Regie des Hahnes betreiben, sich aber selbst an diesem Nistort weit aus dem Wege gehen. Die Abneigung gegen die anderen Haremsdamen führt sogar so weit, daß sie beim Eierlegen des öfteren untreu werden und ihre bis zu 1,5 Kilogramm schweren Hervorbringungen auch in die Nester mehrerer Nachbarn praktizieren. Haremsdamen, die fremdgehen!

Damit verhält sich der Strauß also ähnlich wie ein Kuckuck!

Ein Nebenweibchen gibt ihr Ei natürlich niemals dem Hauptweibchen zum Bebrüten. Es wartet vielmehr bis zum Spätnachmittag, wenn der Hahn für die Dauer der Nacht die Haupthenne beim

Brutgeschäft abgelöst hat, und legt es dem geliebten Männchen vor die Augen neben das Nest. Danach rollt der das 16 mal 13 Zentimeter große Ei unter seine Fittiche.

Nach mehr als dreiwöchiger Eierlegerei quoll das 1,20 Meter große Bodennest von 28 Eiern geradezu über. Da Helena aber nur etwa zwanzig Eier unter ihre Flügel nehmen und kühlen (nicht wärmen!) konnte, tat sie nun etwas Eigenartiges: Sie sortierte die Eier der Nebenweibchen aus und bildete mit ihnen einen Ring um ihre eigenen herum. Woran sie die eigenen Produkte von den fremden, die sich doch gleichen wie ein Ei dem anderen, unterscheiden konnte, ist uns noch ein Rätsel.

Allerdings brachte Helena auch dann noch Eier hervor, als ihr Nest schon überfüllt war. Dann wurde auch sie untreu und legte sie einigen Nachbarmännchen vors Nest, wo ihre Eier prompt in den äußeren Ring sortiert wurden.

Das »Kuckucksspiel« der Straußenhennen beruht also auf Gegenseitigkeit! Allerdings haben diese »Treulosigkeit« und das Ei-Arrangement lebenswichtige Gründe: Auf afrikanischer Wildbahn gibt es nämlich viele Räuber, die nur zu gern ein Straußenei frühstücken würden.

Eines Tages entdeckte Helena drei Junglöwen, die spielerisch des Weges kamen. Sie hätte jetzt mit Tempo 70 fliehen können. Aber dann wären die auffällig weißen Eier von den Löwen sofort entdeckt worden. Deshalb preßte sie sich fest auf ihr Gelege und streckte Hals und Kopf flach auf (nicht in!) den Sand. Eine bessere Tarnung gibt es nicht.

Doch sie hatte Pech. Zufällig trollten die Junglöwen genau auf sie zu. In letzter Sekunde sprang sie doch noch auf und floh. Und nun begannen die Raubkatzen zwanzig Minuten lang mit den Eiern Fußball zu spielen. Zum Knacken der Eier war ihr Gebiß noch zu schwach, denn die Schalen sind dick wie die Wände einer Porzellantasse.

Als sie wieder fort waren, rollte Helena sämtliche Eier, zum Teil aus dreißig Meter Entfernung, wieder ins Nest zurück. Aus den meisten schlüpften später sogar noch Küken aus!

Kleine Verluste entstanden jedoch durch Ratten, die nachts von außen ans Nest schlichen und ein am Rande liegendes Ei annagten.

Einmal wurde auch eine Hyäne frech. Sofort waren Helena und Hektor zur Verteidigung bereit. Eine Jagd kreuz und quer, mit Tricks und Finten begann. Schließlich bekam die Hyäne doch ein am Rande liegendes Ei zu fassen. In ihrem Knochenbrechergebiß zerkrachte es. Im selben Augenblick aber war der drei Zentner schwere Hektor zur Stelle und verpaßte dem Räuber einen Tritt mit der dolchscharfen Kralle, daß die Hyäne fünf Meter weit durch die Luft flog.

In beiden Fällen wurden also die außenliegenden »Kuckuckseier« der Nebenfrauen und Fremden geopfert, damit die eigenen unbehelligt blieben.

Aber warum legte Helena dann auch ihrerseits Eier in fremde Straußennester? Für den Fall des Totalverlustes ihres Geleges. Ein Rudel erwachsener Löwen zerstört nämlich sämtliche Eier. Eine in Panik fliehende Huftierherde zertrampelt die ganze Pracht und ein Steppenbrand hinterläßt nur gesottene Eier.

Von zehn Gelegen werden neun total zerstört. Aber vielleicht überleben dann zwei oder drei Eier Helenas im Nachbarnest bei der Stiefmutter. Dann hätte sich das Kuckucksprinzip beim Vogel Strauß doch gelohnt.

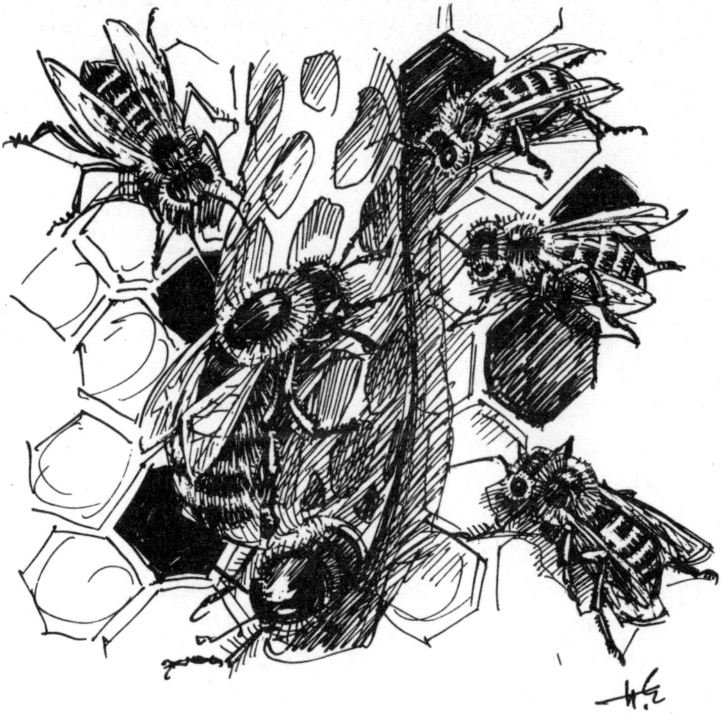

23. Der Hochzeitsflug der Königin

Als die Bienenkönigin aus ihrer Wachszelle schlüpfte, war alles dunkel um sie her. Aber die Wabe, auf der sie stand, war von einem summenden Vibrieren erfüllt. In ihren Füßen, wo Bienen ja ihre »Ohren« haben, spürte sie das, und es beruhigte sie ein wenig.

Doch bald stieg wieder das unbestimmte Gefühl einer Bedrohung in ihr auf, ohne daß sie sich darüber im klaren war, um was es sich handelte. Ein Instinkt warnte sie und trieb sie dazu, ein lautes »Tüten« in Abständen erklingen zu lassen, etwa so wie ein

Pausenzeichen. Sofort antwortete im Wechselgesang von irgendwoher aus der Finsternis ein mehrstimmiges »Quak – quak«. Das beruhigte die Königin wieder.

In dieser Weise lenken Instinkte die Kreatur. Auf bestimmte äußere Reize hin werden in den Tieren Gefühle geweckt, etwa Angst, Angriffswut, Liebeslust und viele andere. Diese treiben die Wesen nun dazu, ganz bestimmte Handlungen auszuführen, die sie zuvor unmöglich erlernt haben können.

Was die Bienenkönigin nicht wußte: Das Quaken stammte aus drei sogenannten Weiselzellen, in denen andere Königinnen, Schwestern zwar, aber zugleich gefährliche Rivalinnen um die Macht im Staate, kurz vor dem Schlüpfen lagen.

Ihnen jagte das Tüten einen so großen Schrecken ein, daß sie eine ganze Reihe von Tagen nicht wagten, aus ihrer hautengen Behausung hinauszukriechen. Mit dem Quaken signalisierten sie ihre Duckmäuserei.

Wäre eine von ihnen trotzdem ausgeschlüpft und hätte auch sie nun laut zu tüten begonnen, hätte das auf die »erstgeborene« Königin gewirkt wie das rote Tuch auf einen Stier. Rein instinktiv, ohne zu wissen warum und wieso, wäre diese auf jedes tütende Etwas losgestürmt und hätte es totgestochen.

Einen Mini-Lautsprecher, der vom Imker in den Bienenstock eingeführt wird und der dieses Tüten vom Tonband erschallen läßt, bearbeitet die Königin bis zur totalen Erschöpfung mit ihrem Stachel.

Was geschieht nun aber mit den duckmäuserischen Schwestern der Königin, wenn sie in ihren engen Zellen verharren? Sie sind sozusagen Ersatzköniginnen. Herrschen für die Nektarernte gute Zeiten und hat sich das Volk so stark vermehrt, daß bald abermals ein Schwarm aus dem Stock auswandern muß, ein Schwarm, der dann von unserer Königin begleitet (nicht geführt!) wird, ist der »Thron« wieder frei.

In schlechten Zeiten aber gelangen die Arbeiterinnen bald zur Ansicht, daß keine Ersatzkönigin mehr gebraucht wird, morden sie und beseitigen die Weiselzellen.

So geschah es auch in unserer Geschichte. Nun hatte die Königin keine Rivalin mehr zu fürchten. Die alte Regentin, die vor ihr im 50 000 Tiere starken Staat geherrscht hatte, war ja mit einem Schwarm ausgewandert, bevor die neue Königin aus ihrer Zelle geschlüpft war.

Eine richtige Königin war sie aber noch nicht. Vielmehr könnte man sie als jungfräuliche Prinzessin bezeichnen. Nun Sehnsucht nach einem Prinzen zu haben, wäre jedoch eine unzulässige, vermenschlichende Unterstellung. Was also treibt jetzt so ein kleines Insekt in seinem dunklen Drange? Wie läßt sich die Liebe der Bienenkönigin in der ausschließlichen Welt der Instinkte und Gefühle darstellen?

Im Alter von etwa acht Tagen wurde unsere Königin von innerer Unruhe erfaßt. Erregt lief sie kreuz und quer durch die Volksmassen ihrer Arbeiterinnen auf den Waben, bis sie plötzlich einen hellen Punkt in der Finsternis entdeckte: das Flugloch. Mit magischer Gewalt wurde sie vom Licht angezogen und krabbelte nach draußen. »Positive Phototaxis« nennt das der Zoologe.

Dort verlockte es sie gleich, ein wenig zu fliegen. Zunächst summte sie nur in engen Kreisen um ihren Stock. Dabei schaute sie sich die ganze Umgebung an, um sich ihre Heimat einzuprägen. Sie mußte ja fähig sein, wieder heimzufinden.

Nach einer Reihe immer weiter führender Erkundungsflüge war es dann soweit. Die Sonne schien warm. Eine Art Fernweh ergriff die Königin, und sie flog davon. Ganz allein, ohne Hofstaat, immer weiter zum Hochzeitstanzplatz.

So wie die Hexen auf dem Brocken ihren Tanzplatz haben, zu dem sie alljährlich immer wiederkehren, so haben auch die Bienenköniginnen und die »Prinzen«, despektierlich »Drohnen« genannt, einen Treffpunkt, der jedes Jahr wieder besucht wird. Er ist 120 mal 200 Meter groß und liegt in luftiger Höhe von drei bis fünf Metern. Nur dort darf Hochzeit gehalten werden.

Wie findet ihn die Königin? Keine einzige Biene ihres Staates, die den Platz im Vorjahr vielleicht gesehen hat und sie dorthin führen könnte, ist noch am Leben. Vom Stock aus ist auch die himmlische Heerschar dort umhersummender Drohnen nicht zu erkennen, denn er liegt bis zu einem Kilometer weit vom Stock entfernt.

Das zunächst unbegreiflich Erscheinende vollbringt aber ein wunderbarer Instinkt. Unsere Königin flog erst ein paar Runden um ihren Stock und schaute sich dabei die Horizontkonturen ringsum an. Dunkel hoben sich ein Wäldchen, drei Hügel, einige Häuser, Buschwerk und andere Dinge vor dem hellen Himmel ab. Und plötzlich ergriff die Königin das unbändige Verlangen, exakt dorthin zu fliegen, wo das Himmelsblau am tiefsten in die Horizontsilhouette einschnitt.

Mit ihren aus 5000 Einzelaugen bestehenden Facettenaugen können Bienen Höhenwinkelunterschiede erkennen, die nur 1/300 des scheinbaren Monddurchmessers entsprechen!

In diese Richtung, die sie von nun an stur beibehielt, flog die Königin. Früher oder später kreuzt dieser Kurs die auf gleiche Weise zustande gekommene Flugschneise eines fremden Bienenvolkes. Sobald die Drohnen solch einen Kreuzungspunkt mit einer anderen Drohnen-Luftbrücke bemerken, verweilen sie hier, um auf eine Königin zu warten. Das ist der Hochzeitstanzplatz.

Nun paart sich die Königin im Fluge mit mehreren Drohnen und fliegt wieder heim. Von da an sind die »Männer« überflüssig. Der Samenvorrat, den die Königin mit nach Hause nimmt, reicht für ihr ganzes, etwa fünfjähriges Leben und für mehr als eine Million Nachkommen.

24. Lebenslänglich in der Höhle des Löwen

Friedlich ästen zwei Antilopen im ostafrikanischen Busch, als sie ein fünfköpfiges Löwinnenrudel bemerkten, das sich gegen sie anpirschte. Doch die beiden Antilopen nibbelten seelenruhig weiter an Gräsern. Plötzlich sprangen alle fünf Löwinnen auf, rasten auf die Antilopen zu, sprangen über sie hinweg und ... schlugen zwanzig Meter weiter ein Gnu.

Warum waren die Antilopen verschont worden? Ihr Schutzengel war ihre Winzigkeit. Es handelte sich nämlich um wahre

Zwerge unter den Antilopen, die kaum größer als Hasen und mit zehn Pfund Gewicht sogar noch leichter als diese sind: um sogenannte Dikdik-Antilopen. Solch mickrige Miniportionen werden von Löwen keines Bissens für würdig erachtet.

Aus dieser Tatsache zogen Zirzi und David, so hießen die beiden, unschätzbaren Nutzen. Sie hatten sich direkt am Schlafplatz des Löwenrudels angesiedelt, denn hier wurden sie durch die bloße Gegenwart der Löwen vor all ihren vielen Feinden geschützt: vor Hyänen, Schakalen, Wildhunden, kleineren Raubkatzen, Riesenschlangen und Greifvögeln. Eine Lebensversicherung in der »Höhle« des Löwen!

Hier lebten die beiden Dikdiks schon seit vier Jahren in treuer Einehe. Manchmal schmusten beide miteinander und streichelten sich Wange gegen Wange.

Aber dabei schmierte David das Gesicht seines Weibchens mit einem Parfüm aus seinen Voraugendrüsen ein und kennzeichnete es damit als seinen persönlichen Besitz, damit fremde Dikdik-Männchen nicht auf dumme Gedanken kämen. Dieses Einparfümieren bedeutet: »Alles, was wie ich riecht, gehört mir!«

Alice Schwarzer kann aber beruhigt sein: Wenn es eine Gleichberechtigung gibt, dann bei diesen Antilopenzwergen. Jedes Pärchen muß es unter sich aushandeln, wer hier »die Hosen anhat«.

Wie die meisten Dikdik-Damen war Zirzi mit elf Pfund genau vier Pfund schwerer als ihr David. Bei Ehestreitigkeiten preschte sie auf ihr Minimännchen zu, und dieses mußte sich dann mit einem Plumps platt auf den Bauch fallen lassen und flach hinlegen, wenn es ungeschoren davonkommen wollte.

Das Matriarchat hat aber auch für das Weibchen seine Schattenseiten: Wenn die Dame der Herr im Haus ist, muß sie auch die Heimat verteidigen, und zwar gegen alle vagabundierenden Dikdiks und gegen die »lieben« Nachbarn ringsum, die alle nur zu gern das Land in so begehrter Löwennähe für sich erobern möchten. Zirzi mußte also dauernd in den Krieg ziehen, während David derweil Gräser weidete. Das ist der Nachteil der Vorteile, wenn Weibchen über Männchen herrschen.

Merkwürdigerweise verjagte die Amazone nicht nur weibliche Dikdiks sozusagen aus Eifersucht, sondern auch Männchen. Wie schön hätte sie sich einen Männerharem zulegen können!

Aber sie blieb ihrem schwächlichen Männchen treu.

Etwas Wichtiges mußte David aber zur Heimatverteidigung beitragen: Er mußte helfen, die Grenzlinie zu ziehen. Wie wir Menschen Grenzsteine einrammen, so setzen Dikdiks Pfosten aus ihrem ... Kot. Wenn Zirzi mal »muß«, kann sie nicht ohne ihn. Beide ziehen zu einem gefährdeten Grenzabschnitt ihres etwa zehn Hektar großen Territoriums. Dort vergrößert sie einen älteren Pfosten durch ein paar Kleckserchen. Dann muß David die Pracht mit demselben Duft kennzeichnen, mit dem er dauernd Zirzi einreibt. Das heißt dann soviel wie: »Jede Dikdik, die diese Grenze überschreitet, kriegt es mit meiner Frau zu tun!«

Die beiden Zwergantilopen hatten auch ein Kind, Micky mit Namen. Bei seiner Geburt war es so winzig, daß es auf der Handfläche eines Menschen Platz gehabt hätte. Nun war es aber sechs Monate alt und schon fast erwachsen und geschlechtsreif. Das sah David mit wachsender Eifersucht. Jedesmal, wenn sich Micky nur an seine Mutter ankuscheln wollte, witterte er Untreue und fuhr mit gesenkten Hörnern dazwischen. Beinahe hätte er seinen Sohn, wie das in Dikdik-Kreisen üblich ist, aus dem Schoß der Familie in die weite Welt vertrieben, da schlug das Schicksal zu.

Gerade ging die Sonne über der Buschsteppe auf, und die drei überlegten, ob sie ihr Ruheversteck unter einer entwurzelten Akazie aufsuchen sollten, als aus der Nachbarschaft ein vielstimmiges, erregtes »dik-dik-dik« erklang und danach noch ein paar Pfiffe schrillten: »Alarm! Rette sich, wer kann!«

Ohne erst lange nach dem Feind Ausschau zu halten, flitzten die drei auf einem extra hierfür angelegten Fluchtweg auf einen Felsspalt zu, da erwischte es David. Ein Bussard stieß im Tiefflug zu und tötete ihn blitzschnell.

Der Tod eines Ehepartners ist bei den Dikdik-Antilopen meist der Untergang der ganzen Familie. Man hat den Eindruck, beide

Eltern liebten sich bis über den Tod hinaus. Die Witwe könnte ja wieder heiraten. An Bewerbern mangelt es nicht. Diese streunen fast täglich an den Grenzen herum, und Zirzi hätte nur eines zu tun brauchen: Sie nicht alle zum Teufel zu jagen – und schon hätte sie wieder ein Männchen gehabt. Aber meist stirbt eine Dikdik-Witwe bald nach dem Tod ihres Ehegefährten einsam an ihrem Kummer.

Doch Zirzi hatte ja noch ihren Sohn. Für ihn bedeutete der Tod seines Vaters, daß er nun nicht vertrieben wurde. Und wenige Wochen später wurde Wirklichkeit, was David zu seinen Lebzeiten befürchtet hatte: Zirzi und Micky wurden ein Paar. Micky wurde als Nachfolger seines Vaters das Ehemännchen seiner Mutter!

25. Schwanenliebe überdauert den Tod

»Schau mal, Mutti! Ist das ein verzauberter Prinz?« rief der kleine Thorsten, als er auf den Bootsanleger lief und einen prächtigen Schwan sah, der sich gerade hoch aus dem Wasser reckte und mit seinen 2,20 Meter spannenden Flügeln wuchtig schlug.

Majestätisch schwamm Parsifal, so hieß der glänzend weiße Höckerschwan, näher heran und fraß einige Brotbrocken, die ihm Thorsten zuwarf. »Schade, daß er so stumm ist«, meinte der Junge.

Wie recht er hatte. Denn was hätte Parsifal nicht alles erzählen können. Schließlich war er bereits 40 Jahre alt.

Schon wenige Tage, nachdem Parsifal seinerzeit als winziges Küken aus dem Ei geschlüpft war, hatte er etwas Fürchterliches erleben müssen. Das war damals vor 40 Jahren im Mai 1938 an einem brandenburgischen See. Die Sonne schien warm. Am Ufer waren auch in 18 anderen Nestern der Brutkolonie zahlreiche Junge zur Welt gekommen und begannen gerade mit den ersten Schwimmversuchen unter der Aufsicht beider Eltern.

Da rasten mit ohrenbetäubendem Geknatter zwei Motorboote knapp am Ufer entlang und mitten durch das Idyll der Schwäne hindurch. In panischem Entsetzen flogen die Elternvögel auf und davon, und die Kleinen, die ja noch nicht fliegen konnten, paddelten und quirlten und piepsten alle kopflos durcheinander.

Die Motorboote hatten nur fünf Tiere getötet. Aber das eigentlich Schreckliche geschah erst bei der Rückkehr der Eltern. Hökkerschwäne sorgen nämlich nur für ihre eigenen Jungen. Läuft ihnen ein Fremdes zu, wird das »häßliche, junge Entlein« fast immer totgebissen. In dem Durcheinander, das die Zurückkehrenden vorfanden, erkannten die Kleinen ihre Eltern nicht und verliefen sich an falsche Nistplätze. Das traurige Ergebnis: sechzig tote Schwanenkinder.

Unter seinen sechs Geschwistern war Parsifal der einzige Überlebende, weil er sich im allgemeinen Entsetzen noch gerade rechtzeitig ins eigene Nest flüchten konnte. Von da an konzentrierten aber seine Eltern ihre ganze Liebe, die sie sonst auf sechs Kinder verteilt hätten, voll und ganz auf ihn.

Doch noch bevor er im vierten Lebensjahr brutfähig wurde, brachen abermals schwere Zeiten an. In Europa tobte der Zweite Weltkrieg. Und darunter hatten auch die wilden Schwäne zu leiden. Die Menschen betrachteten sie als vogelfrei und stellten ihnen mit Schußwaffen nach, um sie in den Bratofen zu stecken. Entgegen einer weitverbreiteten Meinung sind Schwäne ganz vorzügliche Leckerbissen. So überlebten andernorts von den 400 Hamburger Alsterschwänen den Krieg nur drei!

Im Kriegsfrühjahr 1942 drängte es Parsifal, auf Brautschau zu fliegen. Aber nirgends fand er mehr Schwäne. So hatten die Menschen unter seinen Artgenossen gehaust. Und traf er doch einmal welche, dann waren sie bereits fest verheiratet. Schwäne halten sich ja in lebenslanger Einehe die Treue, was bei einem Höchstalter um sechzig Jahre allerhand heißen will.

Verzweifelt suchend dehnte er seine Reisen immer weiter aus. Er flog die Ostseeküste ab, patrouillierte über der Weichsel, der Weser und dem Dümmersee. Schließlich gelangte er im Frühjahr darauf zum Südufer des Bodensees, das zur neutralen Schweiz gehört. Bei Romanshorn, der heutigen Schwanenwarte, lebten schon damals viele Schwäne. Dort fand er endlich sein Weibchen Elsa.

Der Tierkenner sieht es einem Pärchen sofort an, ob die Ehe harmonisch ist oder ob es dauernd Streit gibt (was bei diesen Vögeln übrigens kein Grund zur Scheidung ist!). Parsifal und Elsa bewiesen ihre glückliche Verbindung zusätzlich durch reichen Kindersegen. Jahr für Jahr zogen sie sechs, sieben oder acht Junge groß.

Aber 1954, Elsa hatte gerade das achte Ei gelegt und zu brüten begonnen, da waren nach kurzem Verlassen des Nestes plötzlich alle Eier verschwunden. Menschen hatten sie geraubt.

Nun sind Schwäne nicht stur. Wo sie so Schlimmes erleben, ist es ihnen nicht mehr geheuer. Also verließen Parsifal und Elsa den Bodensee und flogen zum Starnberger See. Dort hatten um diese Zeit die Menschen ihre im Krieg so schnöde vergessene Liebe zu den Schwänen wiederentdeckt. Und eben das wurde vier Jahre darauf Elsa zum Verhängnis.

Am Anleger der großen Touristenschiffe wurden Elsa und Parsifal und ihre sieben noch winzigen Kinder von den wartenden Passagieren gefüttert. Die Kleinen achteten nicht auf das nahende Schiff und schnappten weiter nach dem Futter. Als Elsa die Situation erfaßte, war es schon zu spät. Mit weit ausgebreiteten Flügeln wollte sie ihre Kinder vom Anleger wegjagen. Aber sie geriet selber zwischen Steg und Bordwand und wurde völlig zerquetscht.

Das Absurde war, daß Elsas Kinder wegen ihrer Winzigkeit den Unfall körperlich unbeschadet überstanden. Doch für ihr weiteres Schicksal prophezeiten Fachleute Schlimmes. Denn bei Schwänen übernimmt nur das Weibchen sämtliche Mutterpflichten, während der Vater ausschließlich die Aufgabe des Beschützers innehat.

Aber die Zoologen hatten sich in diesem speziellen Falle getäuscht. Vom selben Tag an wurde Parsifal seinen Kindern die liebevollste »Mutter«, die man sich denken kann, und zog die sieben Kinder groß.

Nur geheiratet hat er niemals wieder. Je glücklicher eine Schwanenehe war, desto unwahrscheinlicher ist es, daß sich der Überlebende erneut paart.

Das war vor zwanzig Jahren. Aber noch heute kreist Parsifal oft um den Anleger, an dem damals sein Weibchen starb.

IV.

Sind Tiere bessere Mütter?

26. Die Heldentaten der Delphinin

Es setzt einen immer wieder in Erstaunen, mit welchem Mut und Erfindungsreichtum manche Tiermütter ihre Kinder aus Gefahren retten und gegen weit überlegene Feinde unter Einsatz ihres Lebens verteidigen. Zu absoluten Spitzenleistungen auf diesem Gebiet sind weibliche Delphine kraft ihrer schon legendär gewordenen Intelligenz befähigt.

Das zeigt folgendes Ereignis, das sich kürzlich in der Mündung des Rio de la Plata an der südamerikanischen Atlantikküste abspielte.

Dort fangen die Fischer Haie mit sogenannten Kiemennetzen. Vor einer Reihe von Ködern wird ein etwa hundert Meter langes und zwei Meter tiefes Stahldrahtnetz, das an Bojen hängt, ausgelegt. Will der Hai hindurchstoßen wie durch Seetang, schafft er es nicht, weil sein Leib zu dick ist. Beim Rückwärtsschwimmen bleibt er dann an seinen gespreizten Kiemendeckeln wie an Widerhaken hängen.

Von Zeit zu Zeit patrouilliert ein kleines Boot mit Außenbordmotor das Netz ab, um jeden Hai, der sich verfangen hat, zu töten und an Land zu schleppen.

Eines Tages steckte aber ein junger Delphin in solch einem Netz. Als meerbewohnendes Säugetier besitzt ein Delphin zwar keine Kiemen, trotzdem hatte er sich in einer Masche so festgeklemmt, daß er weder vor- noch zurückschwimmen konnte. Mit schrillen Pfiffen sendete er das SOS-Signal in der Delphinsprache aus. Doch unglücklicherweise kam auf diese Hilferufe nicht nur seine Mutter herbei, sondern auch ein 3,5 Meter langer Grauhai, der viel größer und stärker als die Delphinmutter war. Um das Unglück vollzumachen, tuckerte zufällig auch noch die Fischerjolle ganz in der Nähe umher.

Die Delphinmutter erkannte sofort die Gefahr. Aber wie sollte sie mit dem Hai fertigwerden, der gut doppelt so groß war wie sie? Wie sollte sie den Fischer abwehren und obendrein noch ihr Kind aus dem Stahldrahtnetz befreien?

Blitzschnell stieß die Delphinin auf den Meeresgrund hinab, der an dieser Stelle nur 22 Meter tief lag, und wühlte mit wuchtigen Schlägen der Schwanzflossen den Schlamm auf. Sekunden später war der Unterwasser-Schauplatz total »eingenebelt«.

Jetzt konnten weder der Hai noch der Fischer erkennen, wo sich ihr Opfer befand. Ganz anders jedoch die Delphinin. Sie ist nicht auf ihr Augenlicht angewiesen. Sie besitzt einen Ultraschall-Echopeiler, mit dem sie auch bei Nacht und im Trüben alle Einzelheiten im Wasser genau orten und erkennen kann.

Sie stößt für uns Menschen wie für Haie unhörbar hohe Töne aus. Ihr Kind, der Hai, das Fischerboot und das Netz werfen diese

Schallwellen als Echos zurück, und an der Art dieser Echos kann die Delphinin hören, was sich wo befindet. Empfangen die Augen keine Bilder mehr, kann sie die Bilder eben hören, wie der Tübinger Professor Franz Möhres nachgewiesen hat – eine für uns völlig unfaßliche Sinnesleistung!

Die Delphinin wußte sofort, daß ihr diese außerordentliche Fähigkeit dem Hai gegenüber einen entscheidenden Vorteil verschaffte und machte sich dies zunutze. Schon der Akt des Einnebelns läßt darauf schließen, daß sie die Situation und ihre Möglichkeiten richtig einzuschätzen verstand. Zur großartigen Sinnesleistung trat also noch eine ebenso großartige Intelligenzleistung.

Während der Hai in der trüben Brühe wie blind umhersuchte, kam die Delphinin mit einem Tempo von 60 Kilometern pro Stunde angeschossen und rammte den Hai in der Flanke. Nach drei weiteren Rammstößen brach das aus Knorpeln bestehende Rückgrat des Haies. Leblos sank er in die Tiefe. Dann erschütterte ein Stoß das Boot des Fischers, und der Mann fiel ins Wasser.

Zu solch kaum faßlichen Dingen ist also eine Delphinmutter fähig, wenn ihr Kind in Lebensgefahr schwebt: nicht nur zur Todesverachtung im Gegenangriff auf den doppelt so großen Hai, nicht nur zu einer ganz erstaunlichen Intelligenzleistung beim Erfassen der Situation und der Wahl der taktischen Mittel, sondern darüber hinaus auch dazu, die »Verhältnismäßigkeit der Mittel« zu wahren: Sie wußte, daß ein ins Wasser gefallener Mensch harmloser als ein Hering ist, und ließ ihn, anders als den Hai, am Leben, und das, obwohl die La-Plata-Fischer Delphine fangen und töten, wann und wo sie sie zu fassen kriegen.

Wenn etwas unbegreiflich ist, dann jene mysteriöse Freundschaft der Delphine gegenüber dem Menschen.

Der Fischer, der sich an seinem gekenterten Boot festhielt, konnte nun im langsam wieder klar werdenden Wasser erkennen, wie die Delphinmutter ihr im Netz hängendes Kind zu befreien versuchte. Zuerst probierte sie es auf zarte Weise: Sie umfaßte seinen Körper mit ihrem Gebiß kurz vor dem Netz. Gefühlvoll drehte sie den Leib nach links und rechts, kippte und zog – so ähnlich wie wir mit den Fingern einen Korken aus der Flasche ziehen.

Aber der Kleine saß zu fest in der Masche. Da biß die Mutter plötzlich mit aller Macht zu, peitschte wie wild mit ihrer muskulösen Schwanzflosse, daß das Wasser zu kochen schien, und zog aus Leibeskräften. Das Kind schrie fürchterlich. Dann gab es plötzlich einen Ruck, und es war frei.

Der Kleine blutete stark aus der Bißwunde, aber trotzdem vollführte er einen Freudensprung in die Luft und entschwand mit seiner Mutter in der Weite des Ozeans.

27. Die Schlachtreihe der Gnu-Mütter

Mit einer einzelnen Hyäne wurde die Gnu-Mutter Annabel schon fertig, um ihr erst drei Stunden altes Kind zu verteidigen. Mit dem Elan eines Kampfstieres ging sie auf den Räuber los und jagte ihn zurück. Doch lästig wie eine Fliege kam die Hyäne immer wieder zurück und versuchte, das noch staksige, unbeholfene Neugeborene zu fassen.

Die Sache wäre auch gutgegangen, wenn nicht nach zwanzigminütiger Hetzjagd plötzlich eine zweite Hyäne erschienen wäre.

Annabel wurde himmelangst. Vom Vorjahr wußte sie noch: Sobald zwei Hyänen angreifen, ist höchste Gefahr. Denn wenn sie die eine auf ihre spitzen Hörner zu nehmen versuchte, schnappte die andere hinter ihrem Rücken nach dem Kind.

Doch in letzter Minute griff Annabel zu einem typischen Gnumutter-Trick. In Sekundenschnelle setzte sie ihre Nachgeburt ab. Sofort stürzten sich beide Hyänen darauf, um sie zu verschlingen. Annabel und ihr Kind aber trabten schnell davon.

Eigens zu diesem Zweck hat es die Natur bei den Gnus so eingerichtet, daß die Muttertiere die Nachgeburt bis zu drei Stunden lang noch in sich behalten können, um mit dieser »Futterspende« im richtigen Moment Räuber von ihrem Baby abzulenken. Der Feind frißt die Nachgeburt statt des Neugeborenen. Dies hat das amerikanische Forscherehepaar Dr. Richard und Runhild Estes in der Steppe des ostafrikanischen Ngorongoro-Kraters beobachtet.

Doch zur Überlebensstrategie, die Gnumütter zum Schutze ihrer Kinder praktizieren, gehört außerdem noch ein erstaunliches Spektrum weiterer Tricks:

Als Annabel hochträchtig war, schloß sie sich in der mehrere tausend Tiere zählenden Herde mit allen anderen Weibchen, die sich in gleicher Situation befanden, zu einem »Verein bald gebärender Mütter« zusammen.

Der Vorteil dieses Verhaltens liegt darin, daß in dieser Gruppe fast alle Kinder im Laufe eines einzigen Vormittags geboren werden. Ihre Hauptfeinde, die Hyänen, leben nämlich im kleinen Rudel, das sein Jagdrevier gegen fremde Hyänen verteidigt. Es strömen hier also nicht beliebig viele Hyänen zusammen. Somit verkleinern die Gnus die Zahl ihrer möglichen Feinde durch die »Massengeburt auf Kommando«.

Und öfter als dreimal an insgesamt drei aufeinanderfolgenden Tagen können die Hyänen in diesem sogenannten Setzgebiet ein Gnukind auch nicht bedrohen. Denn am vierten Lebenstag ist es bereits so schnell zu Fuß, daß es an der Seite seiner Mutter jeder Hyäne davonrennt!

Als Annabels Kind vier Tage alt war, wurde es von einer Hyäne verfolgt, die im 50-km/st-Tempo über eine Strecke von vier Kilometern hinter ihm herflitzte. Aber der Abstand wurde immer größer, bis der Räuber erschöpft aufgab.

Für ein Gnu-Kind kommt es also in erster Linie darauf an, die ersten drei Lebenstage zu überstehen. Dazu, daß sie das können, gehört bereits die merkwürdige Tatsache, daß Geburten fast nur am Vormittag stattfinden, also zu einer Zeit, in der die Hyänen, meist noch von der schaurigen Blutmahlzeit der vergangenen Nacht gesättigt, in ihrem Erdbau schlafen.

Ferner konnte Annabel, sobald sie nur die geringste Gefahr witterte, die Geburt bis zu sechs Stunden lang aufschieben. Ihr Baby kam also planmäßig in einer friedlichen Stunde zur Welt: Nach vierzehn Minuten Wehen schaute schon der kleine Kopf hinten heraus und begann gleich darauf zu atmen.

Drei Minuten später war das Kleine ganz herausgerutscht. Sieben Minuten darauf konnte es schon, wenn auch nur wackelig, stehen und etwas laufen. Und nach weiteren acht Minuten begann es bereits, am Muttertier zu saugen.

Aus gutem Grund sind Gnukälber die frühreifsten unter allen Huftieren.

In der folgenden Nacht stellte sich Annabel stets so auf, daß ihr Körperschatten im Mondlicht genau auf ihr Kind fiel. Keine Hyäne konnte es entdecken.

Am Nachmittag des nächsten Tages erblickte Annabel etwa 500 Meter weit im Westen eine Meute von drei streunenden Hyänen. Sofort versteckten alle Gnus der Mutter-und-Kind-Gruppe ihre Jungen hinter ihren Leibern. Kein einziges war mehr zu sehen. Stetig, aber mit unauffälliger Langsamkeit trottete die ganze Gesellschaft nach Osten davon. Wer rennt, gilt bei den Hyänen schon als verdächtig. Ein höchst erfolgreiches Versteckspiel!

Am Abend des zweiten Lebenstages zeigte sich ein weiterer Vorteil der Formation zur speziellen Mutter-und-Kind-Gruppe. Drei Hyänen hatten nach langem Umherschnüffeln doch Wind davon bekommen, daß in dieser Gnugruppe Junge zu holen waren und trabten heran.

In diesem Augenblick stellten sich zwölf große Gnus mit drohend gesenkten Hörnern in Schlachtreihe vor acht Gnubabys auf. Die Räuber begriffen sofort, daß hier nicht gut Kirschen essen war, und trollten wieder davon.

Dieses Gemeinschaftsverhalten bei der Kinderverteidigung ist besonders deshalb so interessant, weil es keineswegs immer zu beobachten ist. Ein Gnu ist nämlich niemals bereit, wegen eines fremden Kindes den Kampf mit einer Hyäne zu riskieren. Zu Beginn und gegen Ende der dreiwöchigen Setzzeit, wenn nur vereinzelt Junge geboren werden, steht die Mutter immer allein im Abwehrkampf, der dann nahezu aussichtslos ist. Aber wenn in kopfstarker Mutter-und-Kind-Gruppe Gefahr droht, regt sich in jeder Mutter der Kindverteidigungstrieb. So kommt es dann zu jener erstaunlichen Gemeinschaftsaktion, der auch Annabels Baby sein Leben verdankte.

28. Krokodilrachen als Kinderwagen

Es war kurz nach Sonnenaufgang, als Robin Hood, ein fünf Meter langes Krokodilmännchen, von einem Rivalen angegriffen wurde. Am Ufer eines ostafrikanischen Kratersees hütete er einen etwa 170 Meter langen Lavasandstrand mit einem Harem von fünf Weibchen. Um diesen Besitz ging es.

Der Angreifer schwamm Robin Hood vor die Nase, schnellte fast wie ein Delphin aus dem Wasser und begann mit dem Plansch- und Spritz-Imponieren, wobei er wie aus dem Höllenrachen gröhlte und röhrte. Nach dem Motto: »Wer gischtet die höchsten Wellen?« versuchte Robin, seinen Feind in dieser Vorstellung zu übertrumpfen.

Als ihm dies auf eindrucksvolle Weise gelungen war, bekam der Rivale Angst und floh mit dem Tempo eines Torpedos. Robin hinterher. Als er ihn eingeholt hatte, geschah etwas, das bisher kein Fachmann für möglich gehalten hatte.

Dr. Anthony Pooley berichtet: »Ruckartig reckte der Verlierer Kopf und Kehle senkrecht aus dem Wasser, während er stoppte. Das ist die Kapitulationsgebärde. Daraufhin nahm Robin das linke Hinterbein des sich Ergebenden zwischen die Zähne seines gewaltigen Rachens. Aber er biß nicht fest zu. Wohl fünf Minuten lang hielt er ihn so fest, als wollte er sagen: ›Jetzt könnte ich das Bein amputieren. Aber ich tue es nicht.‹«

Die Paarung der großen Panzerechsen verläuft ebenso ungewöhnlich: Wenn Robin liebeshungrig ist, veranstaltet er vor dem Strand seiner Haremsdamen einen Kraftakt, daß man meint, das Wasser würde kochen.

Für die Weibchen kommt nun alles darauf an, dieses Startsignal im trägen Sonnenbad zu bemerken und im Wettschwimmen vor allen Konkurrentinnen als erste am Ziel zu sein. Robin akzeptiert nämlich wahllos die Krokodilin, die als erste bei ihm eintrifft.

Doch nun beginnt erst der eigentliche Tanz. Der Sultan nimmt seine Braut zu Kunstschwimmübungen mit hinaus auf den See. Während er taucht und allerlei Kapriolen vollführt, muß sie stets auf hautnahem Parallelkurs mithalten, ohne sich jedoch an ihn zu klammern.

Schließlich erhebt sie ihren Kopf wie zur Kapitulation und röhrt mit gurgelnden Kehllauten. Daraufhin läßt das Männchen beide Vorderbeine um ihren Nacken gleiten und zieht sie ganz dicht an sich heran. Man könnte fast von einer zärtlichen Umarmung sprechen, wenn sie mit den kurzen, krummen Beinen möglich wäre. Die Paarung ist dann nur noch eine Sache von anderthalb Minuten.

Fünf Monate nach der Paarung legte das Weibchen Suleika ihre

Eier ab. An alljährlich immer dem gleichen Stammplatz auf dem Strand buddelte sie mit den Hinterbeinen ein 45 Zentimeter tiefes Loch. Nach und nach kamen an die 80 knittrig-runde, je etwa 100 Gramm schwere Eier zum Vorschein. Dann wurde wieder Lavasand darübergescharrt.

Fast drei Monate lang brütete nun die Sonnenwärme die kleinen Drachen aus. Mutter Suleika nahm, wie jede Krokodilin, während dieser langen Zeit ihre Aufgabe des Bewachens so ernst, daß sie nicht ein einziges Mal zum Beutefang fortschwamm. Drei Fastenmonate in Sorge um die Sicherheit ihrer Brut! Auch Robin Hood hielt in der Nähe des Geleges Wache, wenngleich er sich gelegentlich einen kleinen Imbiß auswärts gestattete.

Zwei Tage vor dem Schlüpfen begannen die Jungen in den Eiern erbärmlich zu quäken. Es klang wie das Weinen eines Menschenkindes. Als der Choral der Ei-Insassen so stark angeschwollen war, daß er 20 Meter weit zu hören war, begann Mutter Suleika mit den Vorderbeinen zartfühlend wie ein Archäologe zu graben.

Bald kribbelte und krabbelte es in dem Loch von je etwa 15 Zentimeter langen Krokobabys. Und nun erlebte Dr. Pooley mit dem Fernglas etwas, das noch niemand vor ihm gesehen hatte: Suleika sperrte ihren Riesenrachen weit auf und hielt ihn schief, so daß die »Zaunpfähle« ihrer spitzen Zähne keine Hindernis mehr waren. Jetzt spazierten die Babys, eins nach dem anderen, vertrauensvoll über die Zähne hinweg in das Maul hinein.

Etwa beim sechzigsten Baby war der »Kinderwagen« voll. Schwer hing Mutters Kehlsack nach unten durch, als sie den Kopf anhob. Mit dieser »Kinderkrippe« watschelte sie nun zum Wasser, wo die Jungen ihr erstes Bad nehmen konnten.

Inzwischen erklang aus dem Gelegeloch erbärmliches Zirpen. Sieben Nachzügler hatten den »Bus« verpaßt. Nun war der Papa am Zuge. Robin Hood eilte zum Ort der Notrufe. Dort fand er neben den sieben Babys auch zwei Eier, aus denen noch kein Kind geschlüpft war.

Derselbe Rachen, der Büffelknochen knacken kann, nahm nun diese Eier zärtlich in sich auf. Das Ungeheuer rollte sie wie

Bonbons zwischen Zunge und Gaumen, bis auch diese beiden Babys geschlüpft waren. Mitsamt den übrigen Nachzüglern brachte er sie alsdann in seinem Maul zum Badestrand.

Bislang glaubten Fachleute, die Mutterliebe der Krokodile dauere nur einen Tag. Dr. Pooley hat nun aber beobachtet, daß sie volle acht Wochen währt. So lange bleibt die Babyschar wohlbehütet bei den Eltern.

Ja, mehr noch: Wenn in dieser Zeit ein Kind den Angstschrei ausstößt, der wie »imm – imm – imm« klingt, dann jammern gleich alle anderen Geschwisterchen mit. Und dann kommen nicht nur die Eltern, sondern auch alle anderen erwachsenen Krokodile, die es hören, herbei, um zu helfen.

Das ist die zärtliche Wahrheit über die angeblich so grausamen Bestien.

29. Alligatoren erfanden den Brutapparat

Der Brutapparat, jenes technische Gerät, mit dem ohne Beisein des Muttertieres Eier maschinell ausgebrütet werden können, ist keine Erfindung des Menschen. Schon seit vielen Millionen Jahren bedient sich ein Tier dieser Errungenschaft: der Alligator, der nordamerikanische Verwandte des Nilkrokodils.

Noch während der hochdramatischen Paarungszeit in den Everglades von Florida begann das Alligatorweibchen mit der Konstruktion seiner Brutmaschine. Noch ließ das tiefe, dröhnende

Gebell der paarungslustigen Männchen und Weibchen die Luft erzittern, um Partner anzulocken. Noch erscholl allenthalben das Signal höchster sexueller Erregung der zwei bis fünf Meter langen Panzerechsen: der Schwanzschlag auf das Wasser, der wie ein Gewehrschuß über die Sümpfe peitscht.

Noch ließ sich das Alligatorweibchen von all diesen Liebesverlockungen anziehen und besuchte mal dieses, mal jenes Männchen in dessen »Paarungssprechstunde«, begrüßte es mit zärtlichem Nasenreiben und hustete leise das Jawort oder verbot ihm mit barschem Kehlgrunzer die intime Beziehung.

Aber von Tag zu Tag entfernte es sich länger aus den Gefilden krokodilischen Liebeswerbens in die Abgeschiedenheit kleinerer, flacherer Wasserzüge, um an einem Bauwerk von erstaunlicher Technik zu arbeiten.

Schon unterwegs benutzte das Weibchen sein großes, zähnestarrendes Maul als Heuwagen. Es erntete Gräser, Laub und Reisig, nicht weil es unvermittelt zum Vegetarier geworden wäre, sondern um dies Material am Bauplatz mit Erde zu vermischen und zu einer Pyramide von etwa einem Meter Höhe aufzuschichten.

Nach einer Woche Arbeit war der Bau fertig. Nun grub die Alligatorin mit ihren Hinterbeinen einen Krater in den Gipfel. Am nächsten Tag war es dann soweit: Sie begann mit dem Legen der acht Zentimeter langen Eier – nicht eines pro Tag wie bei den Vögeln, sondern alle 45 Sekunden eines.

Schon hierbei muß sich das Muttertier als akrobatischer Jongleur bewähren, denn das direkte Zielen mit dem After in den Krater wäre zu ungenau. Deshalb fängt der Drache jedes Ei, das seinen Leib verläßt, mit einer Hintertatze auf und legt es dann vorsichtig in die Mulde.

Vierzig Minuten später lagen 55 Eier in dem Krater der selbstgebauten Brutmaschine. Nun deckte die Alligatorin noch ein paar Grasbüschel oben darauf und brauchte in den folgenden Wochen anstatt zu brüten die Eier nur noch zu hüten.

Jawohl, Alligatorenmütter bauen Riesennester, und zwar noch raffiniertere als die Vögel. Denn die eben geschilderte Konstruktion erzeugt aus sich heraus Wärme – nämlich durch die Verwesung der aufgeschichteten faulenden Blätter und Gräser. Es ist derselbe Effekt, der eine Scheune in Flammen aufgehen läßt, wenn das Heu beim Einfahren noch zu feucht ist. Es entwickeln sich Billionen und Aberbillionen Bakterien, deren Körperwärme sich zur Bruthitze summiert.

Wenn es in Florida längere Zeit zu trocken ist, um die Verwesung in Gang zu halten, spritzt die in der Nähe Wache haltende Alligatorenmutter mit dem Schwanz Wasser auf den Bruthügel, und bald darauf gärt es wieder warm.

Messungen mit Fernthermometern, die in diese Bruthügel gesteckt wurden, haben ergeben, daß niemals 26 Grad unter- und nie 33 Grad überschritten werden. So genau vermag die Alligatorin ihren »Apparat« zu regulieren. Etwas Vergleichbares finden wir nur noch bei den Großfußhühnern in Australien.

Sobald sich die zwanzig Zentimeter langen Alligatorenbabys aus den nur acht Zentimeter langen Eiern herausgewickelt haben, bewährt sich ihre Mutter abermals als Wasserbaumeisterin von hohen Graden. Sie legt einen regelrechten »Swimmingpool« am morastigen Ufer eines flachen Wasserlaufs an.

Zuerst benutzt sie ihr Maul als Baggereimer und wühlt ein metertiefes Loch mit einem Durchmesser von etwa zehn Metern in den Schlamm. Den Aushub wirft sie zu einem Ringwall auf, den sie zum Schluß noch mit dem Schwanz festklopft.

Ähnlich wie ein Biber kann die Krokodilin den Deich zum Fluß hin durch einen schmalen Kanal nach Belieben öffnen oder schließen. Zugesperrt wird er vor allem dann, wenn eine Trockenperiode den Wasserstand im Fluß senkt und die Alligatorin das Wasser in ihrem »Swimmingpool« aufgestaut behalten will.

Als zahlreiche Jäger der Lederindustrie nach dem Zweiten Weltkrieg alljährlich 250000 Alligatoren abknallten und kurz davor waren, dieses seit 175 Millionen Jahren auf Erden existierende Tier auszurotten, drohte eine Katastrophe über Florida hereinzubrechen: Die berühmten Everglades und die Zypressensümpfe waren dabei, sich in eine dürre Steppe zu verwandeln.

Wieso kann ein Sumpf- und Seenland durch die Ausrottung der Alligatoren wasserarm werden?

Sozusagen fünf Minuten vor zwölf wurden die verantwortlichen Landschaftsschutz-Experten auf die »Swimmingpools« der Großechsen aufmerksam. All die Hunderttausende von krokodilischen Badebecken zusammengenommen ergeben das Wasserreservoir eines großen Stausees. Sie allein hielten in der trockenen Jahreszeit die Bewässerung weiter Landstriche aufrecht.

Noch gerade rechtzeitig wurden die Alligatoren unter Naturschutz gestellt. Sie haben Florida vor der Verwüstung gerettet und vermehren sich derzeit wieder gewaltig.

30. Ein warmer Hauch fürs Eisbärbaby

Am 18. Juni hatte die Eisbärin Tina an der Küste von Nordalaska bei Point Barrow ein Halsband mit einem Funksender bekommen. Dann war sie von den Forschern wieder freigelassen worden. Die zottige, acht Zentner schwere Riesin trottete davon und verschwand im Treibeis des Nordpolarmeeres.

Täglich sollte der Sender Signal geben und den Standort des Tieres melden. Damit wollten Forscher endlich das große Geheimnis der weiten Wanderungen der Eisbären lichten.

Bislang wußten wir nur, daß diese Raubtiere als mürrische Einzelgänger ruhelos und ohne Heimat durch die Polarnacht streifen und trotzdem immer wissen, wo sie Robben erbeuten können, daß sie einer Kälte bis zu minus 55 Grad trotzen und einmal hier auftauchen und Wochen später, nur von Eisscholle zu Eisscholle trabend und springend oder im unterkühlten Wasser schwimmend, mehrere hundert Kilometer weit entfernt auftauchen.

Wenn irgendwo ein toter Wal gestrandet ist, scheinen sie es über mehrere Tagesmärsche zu je 30 Kilometer weit zu wittern und finden sich plötzlich zu Dutzenden am Kadaver ein.

Merkwürdigerweise halten sich jedes Jahr die gleichen Bären an denselben Robbenfangplätzen auf. Trotz Finsternis, Schneesturm, Nebel, sich stets verändernder Eisschollenlandschaft und langsam um den Pol driftendem Packeis müssen sie allzeit genau wissen, wo sie sich befinden. Kein Mensch hat je die rätselhaften Wege dieser Tiere verfolgen können. Deshalb sollte jetzt der Funksender am Halsband von Tina weiterhelfen.

Doch sechs Wochen nachdem die Forscher die Bärin freigelassen hatten, verstummte der Sender plötzlich. War Tina ertrunken? Oder hatte sie ein anderer Eisbär im Kampf getötet? Oder war sie so weit gelaufen, daß die amerikanischen Peilstationen außerhalb der Reichweite lagen?

Endlich, nach insgesamt sechs Monaten, kam wieder ein Lebenszeichen. Eine sowjetische Forschungsstation auf der vor der Nordküste Ostsibiriens liegenden Wrangelinsel hatte Tinas Radiosignale aufgefangen und meldete, daß die Bärin hier am 12. Dezember am Westufer an Land gegangen war. Sie hatte also eine Strecke von nicht weniger als 800 Kilometern Luftlinie, über Pack- und Treibeis marschierend, hinter sich gebracht.

Daß die Sowjets das Eindringen eines »amerikanischen« Eisbären in ihr Hoheitsgebiet entdeckt hatten, führte indessen zu keinen diplomatischen Verwicklungen. Die USA, Kanada, die Sowjetunion, Norwegen und Grönland arbeiten nämlich in der Eisbärforschung eng zusammen. So benutzen alle den Tieren aufgehalsten Sender einen einheitlichen Signalcode, und jeder dieser Nordlandstaaten teilt allen anderen seine Ergebnisse mit.

Von Tina meldeten die Sowjets: »Zwei Beobachter, mit Ski und Funkpeiler ausgerüstet, verfolgen das Tier. Es steigt gemächlich bergauf und zieht acht Kilometer weit ins Landinnere der Insel. Hier sucht es sich an einem Abhang eine windgeschützte Stelle und gräbt mit den Vorderpranken einen drei Meter tiefen, 70 Zentimeter hohen Gang in den ewigen Schnee. Am Ende des Ganges höhlt es sodann eine geräumige Wurfkammer aus.«

Wenige Tage später brachte Tina in der vergleichsweise molligen Dauerwärme ihres »Iglus« bei plus drei Grad zwei Junge zur Welt: je 600 Gramm leichte, fast nackte Winzlinge.

Eine in die Schneehöhle hineingeschmuggelte Kamera hielt es im Bilde fest: Gleich nach dem Abnabeln bettete Mutter Eisbär ihre Kinder auf den Pelz ihrer beiden mächtigen Vorderpranken, deckte sie mit ihrem zottigen Kehlbart zu und wärmte sie noch zusätzlich, indem sie ihre Babys mit warmem Atem anhauchte. Nicht ein einziges Mal berührten die nackten, kleinen Kinderchen den kalten Schnee.

Volle vier Monate lang verließ Tina ihre Kinder und den Bau nicht ein einziges Mal. Vier Monate lang säugte sie ihre Jungen regelmäßig, ohne je selber auch nur einen Happen zu fressen. 122 Tage lang lebte Tina nur vom eigenen Körperfett – eine kaum faßbare mütterliche Leistung!

Erst Anfang April verließ die Bärin mit ihren Jungen die Höhle. Eine achtmonatige ruhelose Wanderung im Raum Ostsibirien und Alaska begann. Das Festland aber mied die Mutterfamilie stets, offenbar wegen Wolfsgefahr.

Anfang Dezember kehrte Tina mit ihren beiden Kindern, die inzwischen etwa so groß wie Schäferhunde geworden waren, auf die Wrangelinsel zurück. Mit erstaunlichem Ortsgedächtnis fand sie die Stelle der Geburtshöhle wieder und legte die alten Gänge frei.

Während die erwachsenen männlichen Bären ganzjährig ohne Rast und Ruh in der Eiswüste umherstreunen, müssen die Einjährigen noch vor den schlimmsten Winterstürmen in Sicherheit gebracht werden. Jetzt läßt die Bärenmutter aber ihre Kinder in der Höhle viele Tage lang allein, um auf die Jagd zu gehen und den Jungen dicke Fleischportionen mitzubringen.

Mit dieser Variation wiederholt sich das Spiel in den folgenden elf Monaten. Erst kurz bevor die Jungen zwei Jahre alt werden, hört die Mutter auf, sie zu säugen. Damit erlischt auch die Bindung der Jungtiere an ihre Mutter, und eines Tages trollen sie sich einfach davon, ein jedes auf eigenen Wegen und ganz allein auf sich gestellt in der Einsamkeit der kalten Polarnacht.

Insgesamt zeichnet sich nach den neuesten Forschungen folgendes Bild ab: In der Arktis grenzen die Eisbären fünf separate Regionen, in denen sie umherwandern, gegeneinander ab.

1. Westalaska bis Ostsibirien einschließlich der Wrangelinsel. Hier wurde der Bestand 1979 noch auf 5000 Eisbären geschätzt. Es ist das Gebiet, in dem Tina umherzieht. Der Rest des Weltbestandes, noch einmal etwa 5000 Tiere, verteilt sich auf die übrigen vier Regionen;

2. Ostgrönland, Spitzbergen, Franz-Joseph-Land und Nowaja Semlja (UdSSR);

3. Westgrönland und Baffinland im Nordosten Kanadas;

4. die Hudsonbay und ihr Westufer (Kanada) sowie

5. die nordkanadische Inselwelt und die Eismeerküste bis Ostalaska.

Einzelne Wanderer überschreiten allerdings diese Grenzen und sorgen für einen Bevölkerungsaustausch.

31. Der Kampf mit dem Riesentintenfisch

Der junge Pottwal war noch ein richtiger »Moby Dünn«, jedenfalls im Vergleich zu den zwanzig Meter langen und fünfzig Tonnen schweren Bullen in seinem Geschwader. Mit menschlichen Maßstäben gemessen, war er allerdings schon ein wahres Ungetüm.

Vor einem Jahr, bei seiner Geburt, besaß er bereits eine Länge von vier Metern. Derzeit wuchs er jeden Tag zwei Zentimeter und brauchte alle 24 Stunden etwa tausend Pfund Seegetier als nahrung, vor allem Tintenfische, Kraken und kleinere Haie, so von zwei Meter Länge.

Eines Tages, das Pottwalgeschwader hatte gerade, vom Indischen Ozean kommend, das Kap der Guten Hoffnung mit Kurs auf den Südatlantik umrundet, fühlte sich Moby Dünn besonders stark. Bislang war er bei der Nahrungssuche »nur« 300 bis 400 Meter tief getaucht. Heute aber wollte er es seiner Mutter gleichtun und auf über 1000 Meter Tiefe gehen.

Binnen zwei Sekunden atmete er zwei Kubikmeter Luft ein, stieß sie aber bald wieder aus. Denn beim Tieftauchen werden die Lungen auf ein Zwanzigstel zusammengepreßt und dürfen deshalb kaum Luft enthalten. Der Sauerstoff wird derweil im Blut und im Gewebe gespeichert.

Nahezu senkrecht ging es abwärts mit einer Tauchgeschwindigkeit von 120 Metern in der Minute. Sonarbeobachtungen haben das kürzlich gezeigt. Sogleich leitete Moby Dünn die Ölmassen im Inneren seines Riesenkopfes an der Hautoberfläche entlang und kühlte diesen sogenannten »Walrat« dadurch stark ab, so daß dessen Auftriebskraft verlorenging. Nun sank er praktisch wie ein Stein.

In 20 Meter Tiefe brach sich das Licht wie durch Kirchenfenster. In 80 Meter war alles in dunkles Blaugrün getaucht. Bei 180 Meter wurde das tiefe Blau immer finsterer. Die ersten Lichter blitzten auf: die Laternen der Tiefseefische.

Das enorme Gewicht der Wassermassen trieb nun auch Moby Dünns Blutdruck in die Höhe. Doch er besaß eine Möglichkeit, dem entgegenzuwirken: Er »zapfte« sich selbst Blut ab, d. h. er leitete es in einen separaten Blutbehälter, in die sogenannten »Wundernetze«. Nur mit Hilfe dieses Organs und der fast luftleeren Knorpel-Lunge kann er den Wasserdruck von 100 Atmosphären, der einen Menschen, ja sogar ein U-Boot, zerquetschen würde, ertragen. Alle übrigen Organe des Körpers bestehen aus druckfestem Gewebe.

In die ewige Finsternis der Tiefsee mit ihren Tausenden von Leuchtkrebsen, blinkenden und blitzenden Fischen und in allen

Farben des Regenbogens schillernden Tintenfischen brach Moby Dünn nun wie ein düsteres, allen anderen Lebewesen unsichtbares Ungeheuer ein.

Aber er hatte es nicht leicht. Gehörte jener Lichtpunkt nur einer winzigen Garnele oder war er das Leuchtorgan eines Riesenkraken? Von Zeit zu Zeit sandte er Knarrtöne aus, um aus deren Echos auf seine Umwelt zu schließen. Aber dieses »Sonargerät« der Pottwale arbeitet nicht annähernd so präzise wie das der Delphine.

Nun klappte Moby Dünn seinen Unterkiefer mit den 46 Zähnen rechtwinklig nach unten: ein lebendes Schleppnetz, das sich mit mäßiger Geschwindigkeit durch die Tiefsee schob, weniger gezielt als hoffend, ein brauchbarer Bissen möge sich an der »Harke« der Zähne verfangen.

Plötzlich gab es einen Ruck. Etwas Riesenhaftes lag quer in seinem Maul und bremste die Fahrt. Fangarme wanden sich um seinen Leib und saugten sich mit hundert Näpfen an seiner Haut fest.

Moby Dünn bekam Angst. In wenigen Sekunden erwärmte heißes Blut die Ölmassen des »Walrats« in seinem Kopf. Die urgewaltigen Auftriebskräfte kehrten wieder, und der Pottwal stieg trotz des »Schwerguts«, das jetzt an ihm hing, zur Meeresoberfläche hinauf. Moby Dünn brüllte laut nach seiner Mutter.

Was sie sah, muß der Alptraum jedes Wales sein: Moby Dünn hatte einen Riesenkalmar, ein wahres Ungeheuer von einen Tiefsee-Tintenfisch, im Maul. Kopf und Leib waren genauso groß wie der Jungwal: sechs Meter. Doch daran hingen noch zehn Fangarme, von denen die beiden größten zehn Meter lang und die übrigen acht muskulös wie die Oberschenkel eines Schwerathleten waren.

Nun zeigte sich, daß die Pottwalzähne, obgleich zwanzig Zentimeter groß, nur zum Festhalten der Beute taugen, nicht aber zum Kauen oder Abbeißen. Sie kneteten lediglich eine gummiartige Masse.

Voller Verzweiflung umrundete die Mutter ständig ihr mit dem

Tode ringendes Kind. Wenn sie nur gewußt hätte, wie sie helfen könnte.

Noch vermochten die seitlich aus dem Walmaul hängenden Fangarme des Riesentintenfischs nicht mit konzentrierter Kraft zu drücken. Jeder sechzigste Pottwal hat ein stark verbogenes Rückgrat, fast jeder aber Saugnapfnarben und tiefe Fleischwunden vom Papageienschnabel eines Tintenfischs als Andenken an solch mörderische Gigantenkämpfe. So mancher Wal wurde aber auch schon zur Beute seines Opfers.

Wie von Bord eines Schiffes beobachtet wurde, dauerte die Seeschlacht anderthalb Stunden. Moby Dünn schien zu wissen: Wenn er seinen Biß lockerte, war er verloren.

Allmählich schwanden aber auch die Kräfte des Tintenfischs. Zwei seiner Fangarme lösten sich. Auf diesen Augenblick hatte Mobys Mutter gewartet. Sie schoß heran, verbiß sich in den Tentakeln, und Sekunden später war das Ungeheuer der Tiefsee in Stücke zerfetzt. Für Moby Dünn war es noch einmal gut ausgegangen.

32. Eine Maskerade rettet Rickis Leben

Dies ist die erregende Geschichte von Ricki, dem Zebrakind im Duisburger Tierpark.

Der Zufall wollte es, daß Ricki am gleichen Tage wie Stella, ein wonniges Zebramädchen, geboren wurde. Erst trennte eine Mauer die beiden. Aber als sie acht Tage alt waren, wollte Zoodirektor Dr. Wolfgang Gewalt beide Mutter-Kind-Paare draußen in der Frühlingssonne zusammenführen.

Er ahnte nicht, daß dies lebensgefährlich war.

Die Fohlen stürmten aus den Ställen auf die Wiese und spielten sofort miteinander. In ihrer Überängstlichkeit meinten beide Zebramütter, ihre Kinder wollten sich prügeln. Sie griffen in das Haschenspiel ein ... und gerieten sich selbst in die Haare.

Sich zankende Mütter, während ihre Kinder miteinander spielen – so etwas gibt es also auch bei Zebras!

Als sie sich beruhigt hatten, trottete Ricki zu seiner Mutter – wie er glaubte. Dummerweise war es aber Stellas Mutter. Er bekam einen Huftritt vor die Brust und raste, wahnsinnig vor Schreck und Angst, kreuz und quer durchs Gehege. Und Stella sauste verwirrt immer hinter ihm her.

Völlig frustriert wagten beide Zebrababys nun überhaupt nicht mehr, sich einem großen Tier zu nähern oder eines an sich heranzulassen. Es könnte ja nicht die Mutter, sondern ein böser Feind sein!

Dr. Gewalt befürchtete schon das schlimmste. Indessen kam die Lösung der verfahrenen Situation wie von selbst: Nach zwanzig Minuten Raserei waren die kleinen Fohlen erschöpft, legten sich nieder und schliefen ein.

Da kamen beide Mütter behutsam heran, jede zu ihrem richtigen Kind, wachten bei ihnen, bis sie wieder munter waren, und ließen sie dann saugen. Von diesem Augenblick an kam nie wieder eine Verwechslung vor.

Die Verhaltensforschung hat hieraus gelernt: Zebrakinder brauchen, um ihre Mutter unverwechselbar kennenzulernen, den Vergleich mit anderen erwachsenen Zebras. So, wie es auf freier Wildbahn stets der Fall ist.

Das Erkennungszeichen ist übrigens das Streifenmuster. Wie der Fingerabdruck des Menschen, so sind die Zebrastreifen bei jedem Tier etwas anders.

Aber Ricki achtete hierauf natürlich erst von dem Augenblick an, als er merkte, daß es verschiedene Muster auf der Welt gibt und ein falsches für ihn Angst und Schrecken bedeutet.

14 Tage später geriet Ricki abermals in Lebensgefahr. Diesmal durch die Schuld einer Besucherin. Sie hatte eine Menge Brot

mitgebracht und fütterte trotz des Verbotes Ricki damit. Da schob sich die riesige graue Elen-Antilope, die im gleichen Gehege lebte, dazwischen, um auch Futter zu bekommen. Aber die resolute Dame stieß die Antilope vor den Kopf: »Du großer Bulle brauchst kein Futter!« und reichte Ricki das Brot.

Das wiederholte sich mehrere Male. Nun ist eine Elen-Antilope zwar ein ruhiges Gemüt, aber wenn sie einmal in Wut gerät, entfaltet sie tödliche Kräfte.

Sie senkte ihre an Kurzschwerter erinnernden Hörner und wollte Ricki angreifen. In letzter Sekunde warf sich die Zebramutter zwischen den Bullen und ihr Kind. Damit rettete sie Ricki das Leben. Aber die Hörner durchbohrten ihren Hals und ihre Brust. Wenige Minuten später starb sie.

So schlimme Dinge können geschehen, wenn sich ahnungslose »Tierfreunde« mit vermenschlichender Moral in das Gesellschaftsleben der Vierbeiner einmischen.

Ein so junges Zebrafohlen wie Ricki ist ohne seine Mutter und ohne die Muttermilch verloren. Gab es trotzdem einen Weg, Rickis Leben noch zu retten?

Da besann sich Dr. Gewalt auf eine List: Er besorgte sich aus einem nahegelegenen Reitstall eine Pferdestute, deren Fohlen gerade gestorben war. Ihr hängte er das Fell der toten Zebramutter über und vernähte es wie einen Maßanzug. In dieser Zebra-Kostümierung führte er nun die Pferdestute in das Gehege zu dem Waisenkind. Prompt fiel Ricki auf diese Maskerade herein. Er glaubte, seine Mutter sei wieder da, begann zu saugen und mit der verkleideten Pferdestute herumzutollen.

Die Stute, die sehr unter dem Verlust ihres Kindes gelitten hatte, war offensichtlich froh, in Ricki einen Kind-Ersatz bekommen zu haben.

So wuchs Ricki heran und wurde zu einem prachtvollen, starken Hengst, der jetzt der Stolz des Duisburger Tierparks ist.

V.

Schach dem Tod

33. Wie überleben Tiere einen Herzinfarkt?

Als die Singdrossel bei Einbruch der Nacht von der Nordseeinsel Amrum mit Kurs Helgoland startete, war noch ein schöner, warmer Herbstabend. Doch als sie sich schon zwanzig Kilometer weit über der Nordsee befand, schlug das Wetter jäh um.

Die Lufttemperatur stürzte von 14 auf 6 Grad. Stürmischer Wind wehte dem Vogel ins Gesicht, und dann begann es in der Dunkelheit über den Schaumkronen der Wogen auch noch zu regnen. Der Flug über das Meer, sonst ein »Katzensprung« von zwei Stunden, wurde zum Kampf auf Leben und Tod.

Nach acht Stunden hatte der kräftezehrende Flug ein Drittel des Körpergewichts der um ihr Leben kämpfenden Singdrossel aufgebraucht. Mit letzter Anstrengung erreichte sie Helgoland. Gleich nach der Landung taumelte sie und brach zusammen. »Herzinfarkt«, konstatierte Dr. Dieter Moritz von der dortigen Vogelwarte, genauer gesagt: Herzmuskelriß.

Streß ist bei Tieren eine sehr weit verbreitete Erscheinung. Aber daß Vögel und Säugetiere auch an der »Managerkrankheit«, dem Herzinfarkt, sterben können, wird erst in jüngster Zeit vereinzelt gemeldet, vor allem von Zugvögeln, die der Angst ausgesetzt sind, ihr Ziel nicht zu erreichen.

Die Singdrossel überlebte jedoch ihren Herzinfarkt, und für die Helgoländer Forscher war es höchst interessant, zu verfolgen, was nun geschehen würde.

Um es vorweg zu sagen: Der Vogel verordnete sich selbst eine Ruhepause von 14 Tagen, wartete, bis sein Herz verheilt war, flog dann in Richtung Ostfriesland und weiter bis in den Mittelmeerraum, wo er überwinterte.

Tiere besitzen ein erstaunliches Regenerationsvermögen. Auch ein Herzmuskelriß verheilt bei ihnen viel schneller als beim Menschen. Aber dennoch verläuft solch eine »Genesung im Eiltempo« nicht ohne Krise. Am größten ist die Lebensgefahr innerhalb der ersten drei Tage, und zwar aus folgendem Grund:

Der Vogel wagt es natürlich nicht, auch noch so kurze Strecken zu fliegen, auch dann nicht, wenn sich ihm ein Mensch, etwa ein Vogelwart, bis auf einen Meter nähert. Er hüpft nur behutsam im »Schongang« umher, und das in einer Gegend, die ihm völlig fremd ist. Zu Anfang findet er kaum Futter an seinem eng begrenzten Aufenthaltsort und verliert noch mehr an Körpergewicht durch akuten Hunger. Unterschreitet er hierbei die sogenannte tödliche Grenze, ist es um ihn geschehen. Der »Herzpatient« stirbt.

Einige Drosseln erreichen die Insel, wenn während der Herbstzeit schlechtes Wetter herrscht, bereits mit einem so geringen Gewicht, daß eine Heilung nicht mehr möglich ist. Frau Dr. Ruth

Raiss spricht in diesem Zusammenhang sogar von »Todeskandidaten«.

Das Blatt wendet sich aber zum Guten, sobald der Vogel gelernt hat, auf Helgoland Futter zu finden. Ein gefiederter »Kurgast«, der wieder beginnt, zuzunehmen, ist auch in seiner Herzkrankheit auf dem Wege der Besserung. In keinem einzigen beobachteten Fall ist eine wieder zunehmende Drossel anschließend an Herzversagen auf der Insel gestorben.

Der Genesungsaufenthalt, den sich infarktkranke Zugvögel auf Helgoland selber verschreiben, dauert bei Rotdrosseln bis zu 14 Tagen, bei Singdrosseln bis zu 17 und bei Amseln bis zu 21 Tagen. Dann entlassen sie sich als geheilt und setzen ihre weite Reise fort, als sei nichts geschehen.

Herrscht zur Zugzeit aber gutes Flugwetter, werden auf der deutschen Nordseeinsel keine so lange rastenden Vögel registriert. Die Masse der Hunderttausende von Durchziehern verschnauft dann nur für wenige Stunden. Eine einzige Übernachtung ist dann schon eine große Ausnahme. Auch Zugvögel sind auf Helgoland meist nur »Stundengäste«.

Die bislang völlig neue Tatsache des Herzinfarktes bei Tieren konnte nur entdeckt werden, weil Mitarbeiter der Vogelwarte Helgoland verstorbene geflügelte »Kurgäste« pathologisch untersucht haben. Andernorts hat man diese Erscheinung nur deshalb noch nicht festgestellt, weil man »zufällig« gestorbene Tiere gar nicht auf Herzkrankheiten getestet hat. Tiere im Experiment zum Herzinfarkt zu treiben, erscheint so sadistisch, daß die Forschung bisher glücklicherweise davon Abstand genommen hat.

Mit einer Ausnahme: Nach einem Bericht von Dr. M. Horvath vom Institut für Arbeitshygiene in Prag haben Wissenschaftler des Instituts für experimentelle Pathologie und Therapie in Suchumi am Schwarzen Meer folgende Versuche unternommen:

Sie sperrten den Anführer einer Pavianhorde in einen Käfig und stellten diesen so im Freigehege auf, daß er alle seine Hordenmitglieder zwar noch sehen, aber nicht mehr strafend in das gesellschaftliche Geschehen eingreifen konnte.

Die bislang von ihm zur sexuellen Enthaltsamkeit gezwungenen Männchen bekamen es sehr schnell spitz, daß ihr Boß nicht in der Lage war, ihnen etwas zu verbieten. Hilflos mußte der eingesperrte Pavianhäuptling von nun an mitansehen, wie sich die rangniederen Männchen mit »seinen« Weibchen verlustierten.

Und mehr noch. Einige Männchen aus besonders niedrigen Gesellschaftsschichten benutzten ihre Freiheit nicht nur zu sexuellen Freuden, sondern auch zu »klassenkämpferischen« Demonstrationen. Sie paarten sich in provozierender Nähe vor den Augen des eingesperrten und wie wild tobenden Exherrschers und schnitten ihm dabei noch die frechsten Grimassen.

Alle Paviananführer, denen diese Schmach bereitet wurde, erlitten das gleiche Schicksal: einen Herzinfarkt, den sie nicht überlebten.

34. Gefährlich ist's bei fremden Eltern

Viele Leute meinen oft im Scherz: »Ein Kuckuck müßte man sein. Dann würde man seine Kinder schnell fremden Pflegeeltern unterschieben und wäre alle Sorgen los. Da ein Kuckuckskind seine drei, vier oder fünf Nestgenossen einfach über ›Bord‹ wirft, wird es hernach als Einzelkind von den Zieheltern so gut gefüttert, gepäppelt und verwöhnt wie sonst fünf Kinder zusammen. Was also kann es Besseres für den eigenen Nachwuchs geben!?«

Neue Forschungen zeigen indessen, daß die Kuckucksbrut bei

fremden Eltern ständig in höchster Lebensgefahr schwebt. Diese Geschichte sei erzählt am Beispiel von Kiki, dem Kuckucksweibchen, und ihren Kindern.

Ihr erstes Ei praktizierte Kiki in das Nest eines Neuntöters. Aber der Zeitpunkt war zu früh gewählt. Das Kuckuckskind schlüpfte bereits drei Tage vor dem Termin der jungen Gastgeber. Nun heißt es ja immer, daß der kleine Gauch im Alter von zehn Stunden beginne, die neben ihm liegenden Eier huckepack aus dem Nest zu befördern. Das ist auch richtig. Und mehr noch. Wie die Hamburger Ornithologen Karsten Gärtner und Paul Trötschel 1979 herausgefunden haben, geschieht dieses Unheil unmittelbar unter dem Bauch des brütenden Wirtsvogels. Ja, dieser rückt sogar noch zur Seite, damit der junge Kuckuck seine leiblichen Kinder hinauswerfen kann.

Aber drei lange Tage vor dem Schlüpfen der eigenen Kinder war bei Mutter Neuntöter der Bruttrieb noch so stark, daß sie die Wühlerei unter ihrem Bauch als ungewöhnlich empfand. Sie wurde mißtrauisch.

Deshalb geschah nun etwas Groteskes: Das Kuckuckskind versuchte mit aller Kraft, Mutter Neuntöter vom Nest zu drücken. Es schob und rumorte und ruckte in einem fort unter dem Bauch jenes großen Vogels, der seine Ziehmutter werden sollte. Das wurde diesem mit der Zeit zu bunt. Und so war es nun die Neuntöterin, die den jungen Kuckuck kurzerhand hinauswarf.

Das zweite Ei legte Kiki in das Nest eines Hänflings. Hier lief zunächst alles gut. Das fremde Ei wurde ohne weiteres ausgebrütet. Der junge Gauch sorgte bei erster Gelegenheit dafür, daß er nur noch das einzige Kind im Nest war, und wurde reichlich gefüttert.

Nur leider sind Hänflinge reine Vegetarier und Körnerfresser, während der Kuckuck für Fleischliches ist. Schon am zweiten Lebenstag bekam er fürchterlichen Durchfall und starb an völlig falscher Ernährung. Es bleibt unerklärlich, weshalb Vogelfreunde immer wieder und in allen europäischen Ländern Kuckuckseier in Hänflingsnestern finden.

Das dritte Ei sollte in einem Amselnest seine Heimat finden. Drei Minuten lag es erst darin. Dann kehrte Mutter Amsel zurück, erkannte es sofort an der abweichenden Färbung und der größeren Gestalt als Fremdkörper, nahm es in den Schnabel, flog etwa zwanzig Meter weit und ließ es dann fallen. Kaputt und aus!

Das vierte Ei sollte im Nest einer Heckenbraunelle erbrütet werden. Diese winzigen Vögel schaffen es meist nicht, das große Kuckucksei zu entfernen. Aber Mutter Heckenbraunelle witterte offenbar die »Drachensaat« und mühte sich erst vergeblich, das ihr nicht geheuer erscheinende Ei hinauszubefördern. Doch dann wußte sie Rat: Sie baute ihr Nest einfach ein »Stockwerk« höher, flocht Zweige und Gräser über den Fremdkörper, baute ihn sozusagen in den »Keller« mit ein, während sie die eigenen Eier stückweise mit dem Schnabel höherhebelte. So ging auch dieser Kuckucksnachwuchs zugrunde.

Das fünfte Ei »zierte« das Nest eines Teichrohrsängers, der, im Schilf hängend, ein sehr hochbordiges Gehäuse flicht. Auch ihm gefiel die fremde »Eierspende« gar nicht, obgleich ihm kein Mittel zur Verfügung stand, die Teufelsbrut loszuwerden.

Da griff er zum letzten Mittel: Zusammen mit seinem Ehepartner ließ er sein Nest im Stich, und zwar mitsamt allen Eiern, und baute sich ein paar Meter weiter ein neues Nest. Er schien sich zu sagen: Lieber mit dem ganzen Brutgeschäft noch einmal von vorn anfangen, als die Nachkommenschaft aufs Spiel zu setzen.

Endlich, als Kikis sechstes Ei reifte, war das Frühjahr so weit fortgeschritten, daß jene Vogelart mit der Brut begann, bei der sie selbst einst groß geworden war und die ihr als »alte Bekannte« noch gut in Erinnerung war: die Spezies der Bachstelzen.

Ein Kuckuck geht gern nach der Devise vor: Bei den Zieheltern, bei denen ich einst wohlumsorgt aufgewachsen war, wird es wohl auch mit meinen Kindern klappen! Und so sucht er sie auf, sofern er welche findet und sofern diese auch gerade ihre Eier abgelegt haben. Andernfalls sucht er sich neue Wirte, wobei des tödliche Risiko, wie diese Geschichte zeigt, außerordentlich hoch ist. Er versucht es sozusagen nur auf gut Glück.

Deshalb muß Frau Kuckuck viel mehr Eier legen als so manch anderes Vogelweibchen, nämlich bis zu zwanzig oder gar fünfundzwanzig Stück. Dazu braucht sie ein Umfeld von 80 bis 100 Singvogelnestern. Aber aus nicht mehr als drei Eiern erwächst ein flügges Kind. Das ist die Kehrseite der Medaille.

Selbst bei den Bachstelzen ging es nicht ohne Probleme ab. Etwa drei Stunden, nachdem Kiki ein Ei in ein solches Nest gelegt hatte, kam noch ein zweites Kuckucksweibchen und legte ihr Ei neben Kikis.

Das Erwartete, nämlich ein Rausschmeiß-Zweikampf zwischen beiden jungen Kuckucken zehn Stunden nach dem Schlüpfen, wie er gelegentlich beobachtet worden ist, blieb in diesem Fall jedoch aus. Denn zwei fremdartige Eier auf einmal, das war selbst für die duldsame Bachstelze zuviel.

Sie stellte sich auf den Nestrand und schaute sich den ganzen Eiersegen lange an. Dann beruhigte sie sich und begann zu brüten – drei Tage lang. Plötzlich schnappte sie das zweite Kuckucksei und warf es aus dem Nest. Gegen Kikis Ei hatte sie nichts einzuwenden und brütete es aus. So nahmen die Dinge hier ihren bekannten Lauf.

35. Die »Spießbürger« unter den Vögeln

Wer im Frühjahr an einer Buschreihe zwischen den Feldern entlanggeht, kann hier und dort auf ein kleines Gruselkabinett stoßen. Da hängen plötzlich, auf Dornen aufgespießt, etwa eine Hornisse neben einem Schmetterling oder Käfer, eine Eidechse, ein Frosch, eine Maus und ein Vogelküken, als wären sie hier gekreuzigt worden.

Inhaber dieses Frischfleischlagers aufgehängten »Schlachtviehs« ist ein Vogel: der etwa amselgroße Neuntöter, nach altem Volksglauben so benannt, weil man meinte, er müsse erst neun Opfertiere hinrichten, bevor er zu fressen beginnen könne. Die Dummheit dieser Meinung bringt jetzt die moderne Verhaltensforschung ans Licht.

Wie bei kaum einem anderen Vogel, so sind beim Neuntöter die Kinder im Nest von naßkaltem Juniwetter tödlich bedroht. Dann fliegen keine Insekten, die Eidechsen und Mäuse bleiben unsichtbar, und nach zwei futterlosen Tagen sind alle Kinder tot – ausgenommen bei jenen Neuntötern, die in den vorangegangenen guten Tagen Vorratswirtschaft betrieben haben, indem sie nach (nicht vor!) dem Stillen ihres Hungers überzählige Beutetiere »auf Lager« gehängt haben.

Der Trieb zum Aufspießen ist nämlich nur bei etwa jedem zweiten Neuntöter als ererbte Veranlagung so stark ausgeprägt, daß er mit dieser Tätigkeit seinen Kindern des Leben retten kann. In Schönwetterländern wie Italien findet man daher kaum Vögel dieser Art, die noch eine solche Fähigkeit besitzen, während die Neuntöter Norddeutschlands, Englands und Skandinaviens ausgesprochene »Spießbürger« sind.

Schon wenige Tage nach dem Flüggewerden regt sich in etwa der Hälfte unserer Jungvögel der Spießfanatismus. Zunächst üben sie das Aufspießen von Beute rein spielerisch mit abgepflückten Blättern oder Blüten. Reicht man zahmen Neuntötern ein Radiergummi, versuchen sie, auch dieses auf einen Dorn zu spießen.

Die Anlage dazu ist angeboren, aber die Zielgeschicklichkeit muß fleißig trainiert werden. Zu Anfang geschieht es oft, daß die Lehrlinge mit dem im Schnabel gehaltenen Gegenstand am Dorn vorbeischlagen oder sich selbst unter das »Kinn« pieksen, was aber ihrer Lust am Lernspiel keinen Abbruch tut. Mitunter zerfetzen sie auch die Ersatzbeute, wenn sie zu derb zuschlagen. Oder, ein weiterer Anfängerfehler, ein Windstoß weht den Übungsgegenstand gleich wieder fort, wenn der Jungvogel zu zaghaft zu Werke gegangen ist.

Nach einer Lehrzeit von zwei bis drei Wochen sind die Jungvögel perfekt und trauen es sich zu, echte Beutetiere zu fangen und, falls sie satt sind, diese aufzuspießen. Doch Mitte August, wenn der Zugtrieb langsam erwacht, erlischt im gleichen Maße der Spießtrieb. In der Tat wäre es ja auch sinnlos, wollte der Vogel bei seinen Kurzaufenthalten während des dreimonatigen Zuges über Griechenland, das östliche Mittelmeer und die Sahara bis nach Südafrika Beute aufbewahren.

Hält man sich einen Neuntöter in der Voliere, bemerkt man, daß der Spießtrieb Ende November wieder erwacht. Das ist genau die Zeit, zu der seine freien Artgenossen im südafrikanischen Winterquartier eingetroffen sind.

Übrigens wird das Opfer nicht, wie man früher glaubte, erst beim Aufspießen auf einen Dorn (oder neuerdings auch auf Stacheldraht!) »erdolcht«. Vielmehr wird es schon in der Sekunde des Gefangenwerdens durch einen einzigen »Nußknackerbiß« mit dem greifvogelartigen Hakenschnabel getötet. Das Aufspießen ist also wirklich nichts Schlimmeres als ein »Aufhängen der Beute am Fleischerhaken«. Wie dieser dient auch der Dorn mitunter als Halterung beim Zerlegen der Beute. Mäuse und Eidechsen werden hier in schnabelgerechte Portionen für die Kinder im Nest geteilt, Insektenfleisch wird aus dem Chitinpanzer herausgelöst und aus Raupen der widerliche Darminhalt herausgequetscht wie Zahnpasta aus der Tube.

Ein besonderer Sport ist das Entstacheln von Hornissen, Wespen, Bienen und Hummeln. Blitzschnell faßt der Neuntöter das gefährliche Insekt am Brustpanzer und zerknackt ihn. Dann ist das Tier zwar sofort tot, aber das Gift in der Afterdrüse würde trotzdem die Speise nicht gerade pikant würzen. So schnappt sich der Vogel mit dem Schnabel millimeterweise nach dem Hinterteil der Beute vor, bis nur noch deren Hinterleibsende mit dem Stachel seitlich aus dem Schnabel herausragt. Dieses reibt der Neuntöter dann mit Vehemenz und Rage wie ein Streichholz gegen einen Ast, bis die Giftspritze völlig zerstört ist. Erst dann kommt die Hornisse als Vorrat an den »Fleischerhaken«.

36. Sonnenschein verhindert die Liebe

Dem Kalender nach hatte der Frühling bereits begonnen, die Zeit der Liebe auch unter den Tieren. Aber hier, in der zentralaustralischen Simpson-Wüste, herrschte seit anderthalb Jahren ununterbrochen tropischer Hochsommer. Wie tot und ausgebrannt lag die Landschaft da.

Doch als unser Geländewagen an einem der wenigen Dornengestrüppe vorüberfuhr, schwirrte ein Schwarm von etwa 200 Zebrafinken in die Luft. Mit einer Reihe von Tricks hatten sie das

Wunder vollbracht, 18 Monate lang ohne einen Tropfen Wasser in sengender Sonne zu überleben.

Weil viele der Tierpflege unkundige Menschen ihren Lieblingen daheim eine Umwelt bieten, die aus der Sicht des Vogels nur als »Wüste« zu bezeichnen ist, sind es insbesondere die Zebrafinken, die dank ihrer ans Wunderbare grenzenden Fähigkeit, in Wüsten zu überleben, auch in Laienobhut nicht sterben. Das hat sie in den letzten Jahrzehnten zu einem der beliebtesten »Lust-Haustiere« für Kinder und Anfänger in der Tierhaltung werden lassen.

Das sind ihre Überlebenstricks:

1. Kein Schwitzen mehr, um sich Abkühlung zu verschaffen.

2. Statt dessen kann sich die Körpertemperatur des Zebrafinken von normal 37 Grad auf 46 Grad erhöhen, ohne daß dieses »Fieber« für ihn den Tod bedeutet (wie es beim Menschen schon bei 43 Grad der Fall wäre).

3. Kein Urinieren mehr. Ausscheiden von Kot nur in Form von »Trockenpulver«.

4. Erzeugung von Wasser auf rein chemischem Wege aus der Trockennahrung der Pflanzensamen.

Während also das ganze, kleine Vogelleben gleichsam auf äußerste Sparsamkeit »geschaltet« ist, darf natürlich auch keiner an Liebe denken, obgleich dem Kalender nach gerade Frühling ist. Das wäre eine tödliche Kraftverschwendung, und von den in die Dürre hineingeborenen Kindern würde auch keines überleben. Für die Liebe müssen bessere Zeiten abgewartet werden: nämlich der nächste Regen.

Aber ist es dann nicht schon zu spät? Nach einem Regenguß erblüht die Wüste in märchenhafter Pracht. Da jedoch das Wasser sehr schnell wieder verdunstet und der nächste Regen wieder bis zwei Jahre auf sich warten läßt, muß alles Leben nun im Höchsttempo ablaufen: Blühen, Fruchtbildung und Reife – wozu bei uns ein halbes Jahr Zeit ist, dafür bleiben in der Wüste knapp zwei, drei Wochen. Und im selben Tempo müssen die Zebrafinkenkinder halbwegs erwachsen werden.

Wie diese Vögelchen so etwas erreichen, das grenzt ans Phantastische: Die Männchen bleiben allzeit, auch in der langen Dürreperiode, liebesfähig. Aber die Weibchen reagieren nicht im mindesten auf Balzanträge zum Techtelmechtel. Und so unterlassen es auch die »Herren«, ihren Charme zu versprühen. In der Dürre üben sie sexuelle Enthaltsamkeit.

Doch buchstäblich mit den ersten Regentropfen ändert sich das schlagartig. Nicht der Frühlingskalender, sondern der erstbeste Regen weckt die Liebesgefühle der flatterigen Zebrafinkengesellschaft. Noch während Männchen und Weibchen heftig balzen, bauen beide flink ein Nest, mitunter übrigens im Erdbau verdursteter Wildkaninchen.

Wenn die Kinderwiege fertig ist, haben sich im Weibchen auch schon die Eierstöcke zu voller Größe entwickelt. Die Ehepartner können nun Hochzeit halten, und einen Tag später liegen die befruchteten Eier bereits im Nest.

Alles weitere geschieht ebenfalls mit demselben Tempo, in dem die Wüste lebendig wird und kurz darauf wieder in der nachfolgenden Dürreperiode erstirbt: Die Brutzeit ist eine der kürzesten in der Vogelwelt. Sie dauert nur elf Tage. Wenn die Kleinen schlüpfen, blüht ringsum ein trügerisches Paradies. Zwei Wochen später sind sie bereits flügge. Dann tragen üppig emporgesprossene Gräser, Hirse und Kräuter bereits Samen: willkommene, leicht zu erntende Nahrung für die Vogelkinder.

Weitere drei Wochen später versengt die Vegetation wieder unter der glühenden Sonne. Zu dieser Zeit sind aber alle Jungvögel schon selbständig und brauchen nicht mehr von den Eltern gefüttert zu werden. Der Zyklus gegen den Tod in der Wüste beginnt von neuem.

Die Geschichte hat nur einen Nachteil: In Menschenobhut im regenreichen Europa geraten Sexual- und Brutpflegetrieb mitunter wirr durcheinander. Wenn ein Vogelfreund Männchen und Weibchen zur Brut bringen will, ist das bei diesen Vögeln recht leicht. Sie bauen ein Nest in der Voliere und legen die Eier hinein.

Aber wenn zum Unglück der Käfig dicht am Fenster steht und draußen ein Regen herniederrauscht, erwacht in beiden Zebrafinken sogleich wieder die Liebe. Sie vergessen darüber ihre Brut, bauen über dem Gelege ein zweites Nest, paaren sich ausgiebig und füllen auch dieses mit Eiern. Aber leider funktioniert der »Turm-Brutapparat« nicht. Kein einziges Küken entschlüpft der Vielzahl der Eier.

37. Wettsegeln mit dem Hunger

Als der feurige Ball der Sonne aus der Weite der ostafrikanischen Steppe auftauchte, wehte eine leichte Brise am Steilhang der Gol-Berge empor. Das war das Startsignal für 37 Sperbergeier, die in den Felsen horsteten, zur Nahrungssuche für ihre Jungen auszufliegen.

Ein lässiger Sprung des acht Kilogramm schweren Vogels, die 2,40 Meter spannenden Flügel weit ausgebreitet, und schon schwebte er im Hangaufwind. Wie ein routinierter Segelflieger stieg er ohne einen einzigen Flügelschlag, in engen Haarnadelkurven die günstigsten Aufwindzonen nutzend, ständig höher bis auf 200 Meter über den Gipfel hinauf.

Zur gleichen Zeit startete der englische Vogelforscher Dr. C. J. Pennycuick in seinem Segelflugzeug von einer nahegelegenen Hochebene aus. Das Wettsegeln zwischen Mensch und Geiern begann. Was jedoch der Forscher als eine Art wissenschaftlichen Sportes betrieb, war für die Vögel ein Rennen gegen den Hungertod ihrer Kinder daheim im Horst.

Das erste Manko des menschlichen Fluggeräts: Es konnte nicht ohne den Antrieb eines Hilfsmotors starten.

Von der soeben erreichten Gipfelhöhe gingen die Vögel ohne Verzug in den Gleitflug über, und zwar mit Kurs West-Süd-West. In dieser Richtung lag ihr Ziel: die großen Herden der Huftiere in der Serengetisteppe, wo es ständig Tote gibt. Vor kurzem standen die Herden noch in zwanzig Kilometer Entfernung von den Geierhorsten. Aber sie waren weitergewandert. Und nun mußten die großen Vögel mindestens 100 Kilometer Luftlinie zurücklegen, ehe sie das futterversprechende Gebiet erreichten, vorausgesetzt, daß sie ständig Aufwindgebiete zum Segeln fanden. Doch gerade in dieser Beziehung sollte es kritisch werden.

Die ersten zwanzig Flugkilometer führten die Geier noch über gebirgiges Land. Hier erreichten sie schnell den nächsten Hangaufwind, von dem sie sich immer wieder in die Höhe liften lassen konnten. Doch dann begann die Ebene der Serengeti, und zudem wich die Morgenbrise einer völligen Windstille.

Der Forscher mußte mit seinem Segelflugzeug landen. Aber auch jeder Geier glitt nur noch so weit, wie er es ohne Flügelschlag schaffen konnte, landete dann auf einem der einzeln stehenden Bäume und wartete auf besseres Segelflugwetter. Ist dies eine unverantwortliche Faulheit angesichts der hungrigen Jungtiere daheim im Horst?

Nein. Sperbergeier, die der Forscher bei Windstille von einem Baum aufscheuchte, konnten mit eigener Muskelkraft höchstens hundert Meter weit bis zum nächsten Baum fliegen. Wiederholte er das Aufjagen noch drei- oder viermal, waren die Vögel so erschöpft, daß er sie mit der Hand ergreifen konnte.

Je stärker die Muskulatur eines Vogels ist und je schwerer in der Folge davon, desto schwieriger wird es für ihn, sich in die Luft zu wuchten. Es klingt paradox, aber es gibt eine Grenze, jenseits derer Muskelkraft flugunfähig wird. Der Vogel Strauß kann vor Kraft überhaupt nicht mehr fliegen. Geier liegen mit ihrem Gewicht knapp unterhalb dieser Grenze. Daher müssen sie zum Fliegen fremde Hilfe in Anspruch nehmen: die Energie aufsteigender Luftströmungen. Ohne Aufwinde müssen Geier also am Boden bleiben.

Gegen neun Uhr vormittags begann die Sonne sengend heiß auf den trockenen Boden zu strahlen. Plötzlich bildeten sich hier und dort kleine Wirbel trockener Erde, sogenannte Staubteufel. Sofort glitten die Geier von ihren Wartebäumen, flogen ein kurzes Stück flügelschlagend geradeaus, machten über einem Staubteufel eine scharfe Wendung und begannen dann mit ruhig ausgebreiteten Schwingen in engen Spiralen zu steigen, so hoch, daß sie schließlich den Blicken entschwanden. Die Vögel hatten erkannt, daß die Staubteufel den Fußpunkt einer Säule thermischen Aufwindes anzeigen. Diese endet in Höhen um 1900 Meter meist in einer Haufenwolke.

Gleichzeitig mit den Geiern startete auch der Wissenschaftler wieder. Alsbald zeigte sich jedoch, daß ihm die Vögel mit einer Steiggeschwindigkeit von fünf Metern in der Sekunde weit überlegen waren. Sie konnten in engeren Spiralen kreisen als das Segelflugzeug und damit das aufwindstärkste Zentrum der Thermik am besten ausnutzen.

Nach nur sechs Minuten erreichten die Geier eine Höhe von 1800 Meter. Sie stießen aber nicht wie Segelflugzeuge in die Kumuluswolke hinein, da sie allzeit freie Sicht brauchen. Kurz unter der Wolke gingen sie mit direktem Kurs auf ihr Reiseziel in den Gleitflug über.

Jetzt zeigte sich das Segelflugzeug jedoch den Vögeln in der Geschwindigkeit und im Höhehalten beim Gleiten weit überlegen.

Ein Sperbergeier erreicht ein Gleittempo bis zu 85 km/st und verliert auf 10 Meter Flugstrecke etwa 1 Meter an Höhe. Nach einem Aufstieg kann er also etwa 18 Kilometer weit gleiten. Dann muß er die nächste Säule thermischen Aufwindes erreicht haben. Steigen und Gleiten zusammengerechnet ergibt für den Vogel eine Durchschnittsgeschwindigkeit von 45 km/st. Der Weltrekord für Segelflugzeuge beträgt hingegen 155 km/st. Hier zeigt sich also die Technik des Menschen dem Tier weit überlegen.

Allerdings mußte Dr. Pennycuick zugestehen, daß die Vögel viel findiger im Aufspüren von Aufwindzonen waren als er. Zu manchen Zeiten herrschte auch tagsüber sehr schlechtes Segelflugwetter über der Steppe, das heißt, es gab kaum Stellen mit thermischem Aufwind. Doch plötzlich strichen die Geier alle ab, obgleich der Forscher nicht den geringsten Anhaltspunkt für Aufwinde entdecken konnte. Erst als er mit dem Fernglas in die Richtung schaute, in die die Vögel flogen, sah er etwas, das wegen seiner Winzigkeit dem Menschenauge verborgen blieb: einen kleinen, dunklen Punkt in großer Höhe. Dieser Anblick eines kreisenden Geiers, der einen Aufwind gefunden hatte, zog alle anderen Artgenossen geradezu magnetisch an, und bald benutzten Dutzende dieselbe thermische Säule.

Unter solchen Umständen kann das Futtergebiet und auch der heimische Horst mit den hungrigen Jungen nur auf großen Umwegen und mit navigatorischen Finessen angeflogen werden. Hierbei gehen die Geier genauso vor wie Segelflieger beim Zielstreckenflug.

Allerdings geht es bei den Vögeln nicht um Rekorde, sondern ums nackte Überleben ihrer Kinder.

Über dem Zielgebiet erwartet die Geier das nächste Problem: Das Auffinden von Aas. Hierbei gehen sie, je nach Artzugehörigkeit, verschieden zu Werke.

Wir kennen in Ostafrika sogenannte territoriale Geier wie den Ohren- und den Wollkopfgeier. Sie leben nur in Paaren und vertreiben jeden fremden Artgenossen aus ihrem Luftraum. Dabei kann es gelegentlich zu heftigen Luftkämpfen kommen. Ständig kreisen sie in den thermischen Aufwinden über ihrem »Planquadrat«, ob nun gerade viel oder wenig Wild darin steht. So überziehen sie die gesamte Steppe mit einem lückenlosen Aufklärungsnetz. Meist sind sie es, die verendete Tiere zuerst entdecken und dann im Sturzflug dort niedergehen.

Die Sperbergeier aber zählen ebenso wie ihre nahen Verwandten, die den meisten Leuten bekannten Zwerg-Gänsegeier, zu den Vagabunden. Sie haben zwar einen festen Horst, müssen aber zum Fressen meist über hundert Kilometer weit zu verheißungsvollen Gebieten ziehen. Sie streiten sich am Aas, aber nicht in der Luft. Im Gegenteil. Hier sammeln sie sich oft zu Dutzenden in den thermischen Aufwindfeldern, wenn diese rar sind.

Auch achten sie auf soziale Indizien, die auf Beute schließen lassen. In einer Beobachtungshöhe zwischen 200 und 500 Meter über dem Erdboden kreisend, richten sie ihr sehr scharfes Auge vor allem auf die »Aufklärer«, also auf die territorialen Geier. Sehen sie, daß einer im Sturzflug niedergeht, folgen sie ihm unverzüglich, noch ehe sie wissen, was es dort zu holen gibt. Dies bemerken wieder andere Geier. Und so pflanzt sich die Nachricht in einer Kettenreaktion über Dutzende von Kilometern fort. Kurz darauf können schon an die hundert Geier am Aas versammelt sein.

38. In Vaters Reisetasche auf Tauchstation

Träge floß der Rio de Mezcalapa durch die schwülen Galerie-Urwälder im Süden Mexikos. Am Ufer, zwischen Luftwurzeln und üppigem Pflanzenwuchs, lag das Nest eines Zwergbinsenhuhn-Pärchens, von allen Seiten durch »Gardinen« herabhängender Zweige vor Feindeinsicht geschützt.

Doch eines Tages hatte Mutter Zwergbinsenhuhn nicht aufgepaßt. Als sie mit Futter zum Nest heimkehrte, bemerkte sie den Kaiman nicht, der ganz in der Nähe knapp unter der Wasseroberfläche lauerte. Wie viele Räuber wußte er: In dem Dickicht, in das ein Vogel hineinhuscht, befindet sich meist ein Nest. Und: Schnappst du die Mutter nicht, bleibt dir in jedem Fall die Brut.

Wie ein Torpedo schnellte sich das Krokodil aus dem Wasser und in das Versteck hinein. Mit knatternden Flügelschlägen stoben Vater und Mutter Zwergbinsenhuhn davon. Aber ihr Nest, in dem sie eben noch ihre Jungen gefüttert hatten, war leer. Der Kaiman fand nicht ein Küken, das er hätte verschlingen können.

Wo waren die Vogelkinder geblieben? Der mexikanische Zoologe Dr. Miguel Alvarez del Toro, der diesen Vorfall beobachtet hatte, legte sich weiterhin in seinem Tarnzelt auf die Lauer und entdeckte auf diese Weise Einzigartiges.

Bei der nächsten Flucht, diesmal vor einer Wasserschlange, fotografierte er die davonstürmenden Vögel. Auf der Vergrößerung erkannte er zu seiner Überraschung, daß unter jedem Flügel des Vaters ein Kükenköpfchen hervorschaute. Er hatte auf der Flucht seine beiden Kinder als Luftpassagiere mit sich genommen!

Das männliche Zwergbinsenhuhn ist gleichsam das Känguruh unter den Vögeln. Es trägt seine Jungen in speziellen Kindertragetaschen am eigenen Leib. Im Unterschied zu den Beuteltieren besitzt es jedoch nicht nur eine Tasche, sondern deren zwei. Auch hängen diese »Nester aus Fleisch und Blut« nicht am Bauch, sondern zu beiden Seiten des Körpers unter den Flügeln, sozusagen in den Achselhöhlen.

Die Kindertragetasche ist eine von Muskeln verstärkte, nach oben offene Hautfalte. Damit der kleine Passagier nicht über diese relativ niedrige »Bordwand« fällt, wird er zusätzlich hinter vier bis fünf Federn, die als Gitterstäbe wirken, festgeklemmt. Merkwürdigerweise besitzt nur der Vater dieses »Kinderrettungsorgan«.

Die Zeit der größten Gefahr ist während des Brütens, denn zu diesem Zweck ist Papas lebendes »Lufttransportnest« leider ungeeignet. Die Eier müssen also nach alter Vogelsitte in ein Nest gelegt werden. Hier sind sie ständig von einer großen Zahl von Feinden so stark bedroht, daß die Brutzeit auf das äußerste Minimum beschränkt wird: auf nur zehn bis elf Tage.

Damit halten diese Vögel zusammen mit den Zebrafinken den Schnelligkeitsweltrekord im Brüten.

Entsprechend unterentwickelt sind die Jungen beim Schlüpfen. Sie kommen fast nackt zur Welt, mit unvollkommen ausgebildeten Gliedmaßen und unfähig zu fast jeder Bewegung.

Unmittelbar nach dem Schlüpfen aus dem Ei befördert die Mutter die beiden ältesten Kinder in die Tragetaschen des Vaters und füttert und betreut sie dort, bis sie flügge geworden sind. Der Vater als »lebender Kinderwagen«!

Diese schöne Errungenschaft hat nur einen Nachteil: Die Ladekapazität ist mit einem Jungen pro Tragetasche bereits ausgebucht. Mehr als zwei Kinder je Brut können also nicht überleben. Diese beiden haben jedoch die wohl besten Chancen, das Fortpflanzungsalter zu erreichen.

»Wenn man einmal beobachtet hat, vor wie vielen Feinden diese Vögel fliehen müssen, versteht man, wieso solch einzigartige Kinderrettungsorgane im Verlauf der Evolution entstehen konnten«, schreibt Dr. Alvarez del Toro. »Ohne diese ›Erfindung‹ wären sie sicher schon längst ausgestorben.«

Vor allem im Amazonasgebiet, ihrem Hauptbiotop, ist die Zahl der Krokodile, Anakondas, Boas, Greifvögel, Wasserratten, Raubkatzen, Nasen- und Wickelbären, Wasserschweine und anderer Räuber Legion.

Allein an einem Tage gab es siebzehnmal Alarm am Nest. Erst floh das Zwergbinsenhuhn-Pärchen mitsamt seinen beiden Kindern vor einer Lanzenotter. Flügelschlagend patschten sie zu Fuß über die Wasserfläche des trägen Flusses. »Jesus-Christus-Vogel« nennen die Eingeborenen daher das Zwergbinsenhuhn.

Zwanzig Minuten später griff ein Kaiman an. Sofort knatterten die Elternvögel mit besetzten »Kabinen« hoch in die Luft. Wieder eine halbe Stunde darauf stieß ein Würgadler von oben herab. Sogleich sprangen die Eltern ins Wasser und gingen auf eine längere Tauchfahrt. Nun saßen die beiden Küken in Vaters Reisetaschen wie in einem U-Boot.

Nach achtzig Metern Tauchstrecke stieß die Vogelfamilie auf

einen Schwarm Piranhas. Wie springende Delphine durchbrachen sie die Wasseroberfläche, setzten die Flucht fliegend fort und konnten von Glück sagen, daß der Würgadler gerade an anderer Stelle kreiste.

Ein U-Boot, das zugleich fliegen kann – so etwas hat selbst die raffinierteste Technik der Menschen bis heute noch nicht zustande gebracht.

Und so ging das extrem gefährdete Zwergbinsenhühner-Leben den ganzen Tag lang weiter. Flucht wechselte mit nur kurzen Verschnaufpausen für Rast und Futtersuche. Sogar die Nachtruhe wurde mehrmals gestört.

Daß unter diesen Umständen ständiger Flucht überhaupt Kinder aufgezogen werden können, ist nur der Errungenschaft der Tragetaschen zu danken.

39. Der Hausgarten, ein tödlicher Dschungel

Das Amselnest in der Buchenhecke quoll vom Kindersegen geradezu über. Bei der letzten der etwa 500 Mahlzeiten, die Amseleltern ihren Jungen täglich auftischen müssen, war der größte Sproß vor Gier schon über Bord gefallen und piepste ganz erbärmlich zwischen den Erdbeerpflanzen herum.

Das war für die Amselmutter das Zeichen, das Nest zu räumen. Sie glitt zu ihrem ältesten Kind hinab und flötete »tüp-tüp, tüp-tüp«: »Alle sofort herkommen! Hier gibt es Futter!«

Zwei Küken sprangen sofort hinterher. Ein drittes wagte den Sprung ohne Wiederkehr erst nach einer halben Stunde. Und das letzte faßte sich noch eine Stunde später erst ein Herz, als die Angst, allein im Nest zu verhungern, immer größer wurde.

Keine drei Stunden später erscholl aus dem Nachbargarten ein erregtes Zicken: »Zick! – zick! – zick! – zick!« Schnuckiputzi, so nannten wir den Vogel, wußte, was das bedeutete: Die Amseln von nebenan gaben Katzenalarm. Sofort zickte sie mit.

Ihre Kinder bekamen instinktiv eine Riesenangst und flüchteten unter den nächsten Ginsterbusch. Sie wußten gar nicht, was sie taten. Aber der Instinkt leitete sie doch, das Richtige zu tun.

Bald darauf erschien der Kopf der Katze unter der Buchenhecke und schaute stumm ringsum. Und nun begann ein Nervenkrieg, der mit erstaunlicher Raffinesse geführt wurde.

Bastian, der Amselvater, kam angeflogen, landete genau in der Mitte zwischen der Katze und seinen etwa acht Meter von dieser entfernten Kindern und fing an, frenetisch zu zicken. Auf diese Weise trieb er seine Jungen von dem Räuber fort.

Schnuckiputzi aber verschwand etwas links hinter ihrer Kinderschar in einer dichten Zwergkiefer und flötete so leise, daß es ihre Jungen gerade eben noch hören konnten: »tüp – tüp«. Während der Vater seine Küken von der Katze wegjagte, lockte sie die Mutter mit Flötentönen ins günstigste Versteck.

Plötzlich sprang die Katze drei Meter weiter auf die Terrassenmauer. Sofort flatterte auch Bastian in die neue Mittelposition. Wie bei einem Schachspiel Gegenzug auf Gegenzug erfolgt, so änderten die Amseleltern ihr Kinderrettungsprogramm entsprechend jeder neuen Katzenposition, bis der Räuber nach etwa zwanzig Minuten die Lust verlor und entschwand.

Diese erstaunliche Verteidigungstaktik kann übrigens jeder, der Ohren, Augen und ein wenig Zeit hat, im Frühjahr in seinem Garten selber beobachten.

Nur selten sind sich Gartenbesitzer überdies im klaren, daß ihre Idylle am Haus, ihr liebevoll gepflegtes Miniparadies, für die meisten hier lebenden Tiere ein Dschungel voll ständig gegenwärtiger Lebensgefahren ist. Wie Tiger durch den Urwald, so streunen hier Hunde querbeet. Wie der Gepard auf der Steppe, so prescht hier das Mauswiesel blitzschnell über den Rasen. Eine Amsel muß sich in unserem Garten fürchten wie wir Menschen allein im wilden Afrika.

Schnuckiputzi steckte noch der Schreck in den Knochen. Vor drei Wochen, sie hatte sich gerade mit Bastian verpaart, da hüpfte eines frühen Morgens ein fremdes Amselweibchen zwischen den Primeln umher, den Schwanz schräg nach oben gespreizt: eine Kampfansage.

Während sich Bastian nahezu stündlich mit fremden Männchen herumschlug, indem er erst versuchte, sie durch die Stimmgewalt seiner kunstvollen Gesänge in Angst und Schrecken und davonzujagen, und, wenn das nichts nützte, mit Schnabelhieben auf den Gegner losflatterte, hatte er gegen ein zusätzliches Weibchen in »seinem« Garten natürlich nichts einzuwenden. So mußte Schnukkiputzi mit dem fremden Weibchen schon selber fertig werden.

In solch einem Streit sah sie nur noch rot und nichts ringsum. Plötzlich, in einer kurzen Kampfpause, rauschte es über ihr. Ein riesiger Mäusebussard stieß von oben herab und erwischte ihre Feindin. Mit einem Krallengriff erdolchte er sie und verschwand mit ihr unter den tiefhängenden Zweigen einer Edeltanne, wo er sie verzehrte.

Danach verspürte Schnuckiputzi noch weniger Lust, sich blindwütig mit fremden Weibchen herumzuprügeln. Als tags darauf wiederum eine Rivalin erschien, verteidigte sie nur noch den großen Garten hinter dem Haus und überließ der Fremden den viel kleineren Vordergarten.

Bastian hingegen erfreute sich als Pascha eines Harems von zwei Weibchen, die untereinander auf Abstand hielten.

Das »Nebenweibchen« fand indessen kein gutes Versteck zum Nestbau. Es überwand seine Angst vor den Menschen und flocht nun seine Brutstätte über der Außenlampe des Einfamilienhauses neben der Tür.

Außerdem schätzte es auf dem engen Raum des kleinen Vordergartens die Ernährungsmöglichkeiten für seine zu erwartenden Kinder offenbar recht gering ein, denn es legte nur zwei Eier ab.

Drei Tage, nachdem die beiden Jungen geschlüpft waren, beobachtete eine Elster vom nahen Kirschbaum aus die Fütterszene und holte sich unter fürchterlichem Kreischen die beiden Kleinen.

Drei von Schnuckiputzis Kindern überlebten aber die gefährliche Jugendzeit im »Dschungel« eines gepflegten Ziergartens.

VI.

Hündisch, Schimpansisch und andere Tiersprachen

40. Papageien können petzen

»Mein Papagei muß eine schreckliche Erkältung haben,« erklärte Mrs. Helen Parks dem Tierarzt in der texanischen Stadt Houston. »Und es will auch gar nicht besser werden. Jetzt hustet er schon seit drei Monaten unentwegt ganz fürchterlich.« Nach eingehender Untersuchung stellte der Tierarzt folgende Diagnose: »Der Vogel ist kerngesund. Er ahmt lediglich den chronischen Raucherhusten seiner Besitzerin nach.«

Wieder einmal eine neue Variante des Sprechvermögens unserer

Papageien! Doch auch die kleinen Wellensittiche stehen dem an Überraschungen in nichts nach.

Als der Lastwagenfahrer Stan Frogatt in der mittelenglischen Stadt Nottingham am Morgen des 2. Mai 1977 das Fenster öffnete, flatterte ein fremder Wellensittich zu ihm ins Zimmer. Fünf Tage lang schwieg der Vogel. Dann aber fing er an, etwas vor sich hin zu zwitschern, das nach Zahlen klang: »2 – 2 – 3 – 7 – 2 – 3«, so ertönte es immer wieder.

Hatte das etwas zu bedeuten? War es ein Geheimcode feindlicher Agenten oder vielleicht ganz schlicht eine Telefonnummer? Stan Frogatt wählte diese Ziffern mit seinem Fernsprecher. Es meldete sich die Witwe Muriel Hydes. Sie war gleich außer sich vor Freude: »Das kann nur mein Peter sein! Ich habe ihm beigebracht, meine Telefonnummer herzusagen, für den Fall, daß er mir einmal entfliegen würde. Aber daß dies so gut klappen würde, hatte ich mir nicht träumen lassen.«

Seit diesem Ereignis, das in allen Zeitungen gemeldet wurde, bringen Tausende englischer Tierfreunde ihren Wellensittichen für den Fall des Entfliegens die eigene Telefonnummer bei, übrigens schon mehrfach mit ähnlich gutem Rückführungserfolg. Es klappt aber auch mit dem Auswendiglernen der vollen Postanschrift, wie Mike Billington in Liverpool mitteilt.

Eines Tages flog ein Wellensittich durch sein offenes Bürofenster, landete auf dem Schreibtisch und nuschelte immer wieder: »Bluey Thomson, Gloucester Road 77, Bootle.« Bootle ist ein Vorort von Liverpool. Tatsächlich fand Mr. Billington dort unter der vom Vogel genannten Adresse eine Familie Thomson, die nun ebenso froh über die Heimkehr des verlorenen Sittichs wie stolz auf seine Sprechkünste war.

Zum Entziffern der Sittichnuschelei hatte Mr. Billington übrigens einen Trick angewendet. Er hatte die ihm unverständlichen Äußerungen auf Tonband aufgenommen und hernach mit halber Geschwindigkeit wieder abgespielt. Tut man das, ist man erstaunt, wie klar und wohlakzentuiert ein Wellensittich die menschliche Sprache imitieren kann. Er plappert nur eben viel schneller als wir.

In einigen Fällen haben Papageien sogar Menschen das Leben gerettet. Im Londoner Stadtteil Clapham glaubten drei lange gesuchte Raubmörder im Jahre 1976 leichtes Spiel zu haben. Sie hatten ausbaldowert, daß eine Villa nur von zwei alleinstehenden alten Damen bewohnt war und verschafften sich mit der Lüge, Beamte der Sozialfürsorge zu sein, Zutritt.

Im Salon zogen sie ihre Messer und wollten die beiden Damen, Mrs. Jessie Wood und Mrs. Florence Bickerton, gerade fesseln. Da ertönte aus dem Nebenzimmer eine tiefe, rauhe Männerstimme: »Was ist denn los? Was ist denn los?«

Die Gangster stürzten in diesen Raum und entdeckten, daß es nur ein Graupapagei war, der rief. Doch Mrs. Bickerton nutzte die Verwirrung geistesgegenwärtig, schloß sich in einem zweiten Nebenzimmer ein und alarmierte von dort aus telefonisch die Polizei. Die Verbrecher versuchten zu fliehen, wurden aber noch im Vorgarten von der Besatzung eines Streifenwagens verhaftet.

Umgekehrt kann ein Papagei aber auch Katastrophen auslösen. Der neapolitanische Schneider Giancarlo Goldoni ärgerte sich über seinen »dummen« Papagei, weil er entgegen südländischer Beredsamkeit nie mehr sagte als »ciao« oder »grazie«.

Doch als er wieder einmal, im Januar 1980, abends spät heimkam, begrüßte ihn der Vogel mit »ciao, carissimo« (hallo Liebster). Das hatte seine Frau schon seit Jahrzehnten nicht mehr zu ihm gesagt. Er witterte Ehebruch, beobachtete sein Haus aus einem Versteck und ertappte seine Frau mit dem Bäcker. Ohne lange zu fackeln, schoß er mit einer Schrotflinte auf sie und drehte dem Papagei den Hals um.

So hatte das Tier, obwohl es, wie alle Papageien, den Sinn seiner aufgeschnappten Worte gar nicht begriff, den Ehebruch seines Frauchens verpetzt und war letztlich auch noch dem Mißverständnis zum Opfer gefallen, das seinen Besitzer dazu verleitet hatte, ihn emotional wie einen Menschen zu behandeln.

Aktenkundige Tatsache ist es auch, daß der Papagei Rico im Oktober 1978 zur Aussage vor das Lüneburger Landgericht geladen wurde. Der vereinsamte Vogel imitierte in Ermangelung eines

Menschen als Sprechpartner das Gekläff des Pekinesen »Purzel« in Nachbars Garten. Es ist typisch für sogenannte Tierfreunde, daß den Nachbarn das Bellen seines eigenen Hundes überhaupt nicht störte, Ricos von Purzel übernommenes Nachgekläff jedoch sehr.

Der Streit ging bis vors Landgericht. Dort mußte erst Purzel zeigen, wie nervenschonend er bellen konnte, und hernach Rico, ob seine Imitation lauter oder lästiger klänge.

Das Urteil des hohen Gerichts: Freispruch für Rico wegen erwiesener Unschuld. Der Vogel belle nicht besser, aber auch nicht schlechter als der Hund.

41. Klatsch und Tratsch in Hundekreisen

Am Sonntagmorgen gab es in den Parkanlagen an Hamburgs Außenalster das, was man scherzhaft einen »Hundestau« nennt. Zahlreiche Rüden schnüffelten kreuz und quer, hoben an jedem Baum ihr Bein, bellten und kläfften sich an. Hier und dort kam es zu Beißereien. Frauchen und Herrchen zogen allerorten verzweifelt an der Leine und konnten ihren Vierbeiner trotzdem kaum zum Weitergehen bewegen.

Hätten Menschen Hundenasen, wäre ihnen der Grund des

Aufruhrs plausibel geworden. Hunde lesen auf jedem Spaziergang mit ihrer Nase die spannendsten »Gesellschaftsnachrichten«: Wer von ihren Freunden, Feinden und Geliebten wann was wo mit wem getrieben hat.

An diesem Morgen aber verkündeten die »Schlagzeilen« an Baumstämmen und Mauerecken die reinste Hunde-»Pornographie«: Zu früher Stunde war eine heiß-läufige Hündin dieses Weges geführt worden und hatte die Kunde von ihrem Zustand alle paar Meter mit einigen Tröpfchen plakatiert. Das bringt natürlich jeden Rüden total aus dem Häuschen und ist überdies eine grobe Rücksichtslosigkeit des Halters der Hündin.

Aber dies Ereignis bringt immerhin einiges Licht in eine vielgestellte Frage. Jedermann kennt das fortwährende Beinchenheben der Rüden. Aber trotzdem weiß bis heute noch niemand so recht, warum die Hunde so etwas tun. Während Fachleute genau über die Duftmarkierung bei Flußpferden, Löwen und Hyänen informiert sind, murmeln sie, nach dem Haushund befragt, nur Unbestimmtes über »Reviermarkierung«. Als ob alle Hunde im Park ein Privat-Territorium abgrenzen wollten! Erst 1979 hat die Tierärztin Dr. Ruth Graf einige Tatsachen erarbeitet.

Klarheit über das Prinzip bringt durchweg schon der Blick auf den wildlebenden Ahnen des Hundes, also auf den Wolf. In freier Wildbahn bepinkeln Wölfe ja keineswegs jeden Baum im Wald. Daß sie ihr Bein heben, geschieht nur während der Ranzzeit. Und selbst dann ist dieses Verhalten nur dem Leitrüden und der ranghöchsten Wölfin in einem Rudel gestattet.

Die »Chefin« signalisiert durch das sogenannte »Spritzharnen«, wie der Fachmann sagt, dem Rüden ihren Zustand, indem sie ihr Hinterbein nach vorn hebt, nicht wie der Rüde seitlich nach oben. Außer dem Boß darf kein anderes Rudelmitglied diese Nachricht beschnüffeln, wenn er nicht Strafbisse riskieren will.

Der Leitwolf beschnuppert die Duftmarke eingehend, beleckt sie, beginnt in höchster Erregung mit den Zähnen zu klappern, setzt nun seine Marke über die der Wölfin und scharrt dann mit den Hinterbeinen.

Durch dieses Scharren soll keineswegs, wie viele Leute meinen, der Unrat in ziemlich liederlicher Weise zugedeckt, sondern im Gegenteil durch die Luft gewirbelt werden, um die Duftwirkung zu erhöhen.

In dieser Duftstoff-»Sprache« gibt der Rüde gleichsam seine Besitzansprüche auf die Wölfin bekannt. Und es kann für einen »underdog« tödlich sein, von dieser Botschaft keine Kenntnis zu nehmen oder gar die Frechheit zu besitzen, seine Marke noch als dritte obendrauf zu setzen. Auch wenn es der Boß nicht gesehen hat, riechen tut er's früher oder später bestimmt, und schon schreitet er zu Strafmaßnahmen.

Dieses Verhaltensbild ist nun beim Haushund bis zur Lächerlichkeit verzerrt worden. Weil es beim Hund praktisch keine Rudel mehr gibt oder, genauer gesagt, weil der Hund meist das einzige vierbeinige Mitglied im »Menschenrudel« einer Familie ist und die Menschen in den Dingen der Duftstoffsignale glatte Versager sind, hält sich jeder Struppi in Sachen Sex für einen Boß. Kein anderer Hund kann einem Rüden das Plakatieren seiner männlichen Präsenz verbieten. Und da auf der Promenade, im Park oder auf der »Gassi« ständig bekannte oder unbekannte Hündinnen in die Hitze kommen könnten, sorgt, was ein rechter Rüde ist, allzeit vor und parfümiert die Bäume, Laternen und Kanten – zur Not auch Grasbüschel.

Ruth Graf hat es genau nachgezählt: Ein Rüde markiert im Durchschnitt 27mal in jeder Spazierstunde oder neunmal pro Kilometer. Eine Hündin läßt es bei einem Drittel dieser Werte bewenden. Einzeltiere zeigen davon jedoch große Abweichungen abhängig vom Alter, vom Selbstbewußtsein, von den soeben wahrgenommenen Nasenerlebnissen, vom Ort und vom sozialen Umfeld.

Je weiter ein Hund von seinem ihm bekannten Wohngebiet entfernt ist, je mehr und je gefährlichere vierbeinige Feinde er riecht oder sieht, desto zurückhaltender hinterläßt er Spuren seiner Erdentage. Meist unterläßt er in der Fremde das Markieren ganz. Die wölfische Angst vor dem »Boß« bricht wieder durch.

Geht er allerdings an Herrchens Leine, fühlt er sich mit dieser Rückendeckung auch auf unbekanntem Boden stark. Das ist der Grund, weshalb Rüden in Begleitung des Menschen viel häufiger »müssen«, als wenn sie allein sind.

Eine fremde Marke wittert ein Hund aus etwa drei Meter Entfernung. Je nachdem, was sie ihm signalisiert, kann er sie mit Nichtachtung strafen, sehnsüchtig beschnuppern oder grimmig anknurren und, wenn er sie für würdig befindet, seine Visitenkarte darübersetzen. Das, und nichts anderes, sagt die Duftsprache an Baumstämmen einem Hund.

42. Der Fuchs belügt seine Kinder

Diese Geschichte klingt wie das Märchen vom Hirtenjungen, der die Bewohner seines Dorfes mit dem Ruf: »Der Wolf ist da!« nasführte. Nur handelt es sich hier um eine wahre Begebenheit, obwohl der Irreführer kein Mensch, sondern eine Rotfüchsin war.

Gegen Ende April begann diese Fähe, mit ihren vier Welpen die ersten Ausflüge zu unternehmen, um Mäuse zu jagen. Aber in jenem Jahr gab es zum Verzweifeln wenig dieser Beutetiere. Und immer, wenn Mutter Rotfuchs eines gefangen hatte, sprangen mindestens zwei ihrer Kinder knurrend und beißdrohend mit den Schnauzen gegen ihre Lefzen. Das heißt in der Sprache der Rotfüchse: »Bitte, Mutter, gib mir diese Maus, denn ich habe ja so großen Hunger!«

So wanderte eine Maus nach der anderen in die Mäuler der unersättlichen Jungen. Gegen fünf Uhr nachmittags hatte die Mutter noch keinen einzigen Bissen selber fressen können. Ihr Hunger wurde unerträglich. Aber grob und abweisend gegen ihre Kinder zu werden und ihnen das Futter zu verweigern, verbot ihr der Muttertrieb.

Da kam ihr eine Idee. Gerade hatte sie wieder eine Maus im Maul und konnte sich des Ansturms ihrer Welpen kaum erwehren, da stieß sie plötzlich ein fiepend hohes Bellen aus, den Alarmruf in der Fuchssprache: »Der Wolf ist da! Rette sich, wer kann!«

Wie der Blitz waren ihre vier Jungen in Büschen und Löchern verschwunden. Das ist eine fast automatisch wirkende Instinktreaktion. In Wirklichkeit war aber weder ein Wolf noch irgendein anderer Feind in der Nähe. Die schlaue Füchsin hatte ihre Kinder bewußt belogen und verzehrte nun ungestört und in aller Seelenruhe die Maus.

Der Trick mit dem falschen Alarm hatte prächtig geklappt. Eine halbe Stunde später, bei der nächsten Maus, versuchte sie es wieder mit demselben Dreh, und abermals erzielte sie damit vollen Erfolg. Auch in den folgenden Tagen konnte sie immer, wenn der Hunger zu groß wurde, mit der gleichen Schwindelei in der Fuchssprache einen kleinen Teil des knappen Futters für sich retten.

Aber so ganz allmählich kamen die Kleinen der Mutter auf die Schliche. Es mag ihnen verdächtig erschienen sein, daß die Mutter zwar »Der Wolf ist da!« rief, selber aber ohne Angst und Versecksuche die Maus fraß.

Am siebten Tag war es dann soweit. Als die Mutter wieder einmal den Alarmruf fiepte, flitzte das kesseste Kind zwar erst instinktiv ein paar Meter weit in Richtung auf einen Busch, blieb dann aber stehen, als hätte es sich selbst gesagt: »Was rennst du hier eigentlich wie ein Blöder!« Dann kehrte es zögernd zur Mutter zurück, die gerade dabei war, die Maus zu fressen – einerseits noch ängstlich und unsicher, andererseits aber schaute es seine noch immer alarmrufende Mutter ungläubig und prüfend an: »Wer so oft lügt, dem glaubt man nicht!«

Dies ist ein geradezu hervorragendes Beispiel dafür, wie eine reine Instinktreaktion bereits von Tieren mit dem Verstand durchschaut und das reaktive Verhalten in sinnvoller Weise abgeändert werden kann. Füchse gelten also durchaus zu recht als schlau.

Doch am Abend darauf geschah, was geschehen mußte. Mutter Rotfuchs hatte gerade wieder eine Maus gefangen und wurde von ihren vier hungrigen Welpen arg bedrängt, als ein Habicht im Tiefflug angriff. Sogleich ließ die Mutter ihren Alarmruf ertönen. Aber keines ihrer Kinder schenkte dem mehr die geringste Beachtung. Sekunden später entschwebte der Greifvogel mit einem Jungfuchs in den Fängen. Womit sich denn auch die Moral des Märchens in der Realität der Tierwelt verwirklicht hätte.

Oftmals verlaufen die Ereignisse jedoch nicht so dramatisch, zum Beispiel dann, wenn der Rüde, also der Vater, bei der Futterbeschaffung für die Welpen hilft. Da er meist ein ganz schlauer Fuchs ist, legt er sogar schon vor der Geburt der Jungen ein Lebensmittellager aus Überschüssen »fetter« Tage an. Kleinere Beute wie Vogeleier vergräbt er an Stellen, die er sich merkt. Größere Beute trägt er aber meist in einen Ausweichbau ein.

Jedes Fuchspärchen besitzt ja nicht nur einen Erdbau, sondern daneben bis zu fünf »Zweitwohnungen« als Fluchtburgen, in die es umsiedelt, sobald es sich im Hauptbau nicht mehr sicher fühlt. Solch ein Ausweichquartier kann sehr gut auch als Nahrungsspeicher dienen.

Kürzlich stießen Jäger auf so einen Bau. Spuren vor den Eingängen machten sie glauben, er sei bewohnt. So begannen sie zu graben. Aber statt der Wurfhöhle mit den Jungen kam nur ein Vorratslager zum Vorschein. Das allerdings ließ jeden Hamster als armseligen Stümper erscheinen. In einer unterirdischen Kammer legten die Jäger einen Hasen, zwei Kaninchen, eine Stockente, einen Ringfasan, sieben Feldmäuse und einen Maulwurf frei! Hiervon hätten die Fuchswelpen im Falle der Nahrungsknappheit lange Zeit zehren können.

Im Herbst, wenn die Jungen fast erwachsen sind und einen durch Jagdbeute kaum noch zu zügelnden Hunger haben, lösen sie ihr Ernährungsproblem durch vegetarische Zusatzkost in Form reifer, möglichst süßer Früchte. Dann fressen sie allen Ernstes Heidelbeeren, Himbeeren und auch Weintrauben.

Damit hätte auch La Fontaines berühmte Fabel vom Fuchs und den Weintrauben durch die moderne Verhaltensforschung wenigstens eine Teilbestätigung erfahren.

43. Hummeln lassen sich vom Trompeter wecken

Es gibt kaum eine Phantasie menschlicher Märchen und Dichtkunst, die nicht im Tierreich ein ganz reales Ebenbild besitzt. Zum Beispiel verwirklicht die Hummel gleich drei Traumvisionen: das Knusperhäuschen aus »Hänsel und Gretel«, den »Trompeter von Säckingen« und das Sammeln eines jugendverheißenden Lebenselixiers.

Wie Nobelpreisträger Karl v. Frisch 1978 festgestellt hat, gibt es Situationen, in denen Hummeln die Auskleidung ihres Nestes von innen so lange mit Honig bekleistern, bis ihr Häuschen ganz von verkrustetem »Zuckerguß« eingehüllt ist.

Allerdings benutzen diese Insekten-Kleinstaatler ihre Schleckerwände nicht wie die Märchenhexe zum Anlocken von Opfern, sondern als Baumaterial-Ersatz. Meist kleiden sie ihr Heim mit Wachs aus, das sie in Drüsen erzeugen. Wird das Nest aber stark beschädigt, können sie nicht so schnell Wachs erzeugen und dichten dann ihre Wände provisorisch mit einer Honigkruste.

Fremde Tiere, die sich vom Duft dieses Knusperhäuschens anlocken lassen, sind im etwa 500köpfigen Hummelstaat gar nicht gern gesehen. Im Gegenteil, diese Tierchen haben ihre liebe Not damit, »Hänsels und Gretels« fernzuhalten.

Zu diesem Zweck ist ein »Trompeter« ständig auf der Wacht vor dem Eingang. Manchmal sind es auch zwei oder drei. Bis gegen Mitternacht äußert er in unregelmäßigen Abständen einen kurzen Summton. Das ist wie einst der Ruf des Nachtwächters in der mittelalterlichen Stadt und heißt soviel wie, daß alle anderen ruhig schlafen können.

Bemerkt der Wachtposten jedoch ein Naschemäuschen oder einen anderen Feind, trompetet er Alarm, wie Professor Adolf Haas an der Philosophischen Hochschule Pullach bei München erforscht hat. Augenblicklich krabbeln Dutzende von Hummeln aus der Nesthöhle heraus, werfen sich vor dem Eingang auf den Rücken, fahren ihren Stachel aus und halten ihn mit der Spitze nach oben.

Nachts können sie einen Feind nur schlecht oder gar nicht sehen. Diese Abwehrmethode wirkt wie ein Stacheldrahtverhau: Wer zum Nest vordringen will, tritt unweigerlich auf die Giftspritzen.

Überdies kommt dem Hummeltrompeter noch eine weitere Aufgabe zu: Da er am Eingang sitzt, ist er der erste, der am frühen Morgen das Licht der aufgehenden Sonne erblickt. Dann klettert er noch ein Stückchen höher, bis ihn die Sonnenstrahlen bescheinen, und beginnt kräftig zu trompeten. Bis zu zwanzig Minuten lang. Spätestens zwei Minuten nach dem Einsetzen des »Frühkonzerts« beginnen die Innendienstarbeiterinnen im dunklen Bau mit ihrem Tagewerk, und die Sammlerinnen summen heraus.

Ist das ein »Wecken durch den Unteroffizier vom Dienst« wie beim Militär? Die Gelehrten streiten sich noch darüber. Daß es dennoch so ist, macht ein Experiment von Professor Haas wahrscheinlich.

Zwei Stunden nach Einbruch der Dunkelheit beleuchtete er den Eingang eines Hummelnests mit einer Lampe. Schon drei Minuten darauf kletterte der Wachtposten in den Lichtschein und trompetete, was das Zeug hielt. Und augenblicklich begannen die Schläfer im Nest mit Bau- und Säuberungsarbeiten. Aber sobald er das Licht ausknipste, schliefen die Hummeln weiter bis zum nächsten Morgen.

Im Juli und August kommen im Amazonenstaat endlich einige Männchen zur Welt. Spätestens im Alter von nur drei Tagen müssen diese auf Nimmerwiedersehen den Bau verlassen. Bleiben sie im Heim, sterben die gerade frisch geschlüpften Männchen ... bereits den Alterstod.

Sie können sich nur dann jung erhalten, wenn sie in Blütenkelchen ein Verjüngungselixier sammeln. Und zwar extrahieren sie aus Blütenölen einen alipathischen Alkohol mit dem Namen Farnesol. Ihn speichern sie in einem Kopfbläschen zu zwei Zwecken: einmal, um sich selbst damit jugendfrisch zu halten und zum anderen, um die Weibchen damit anzulocken.

Die Verjüngungsdroge ist also gleichzeitig ein Liebestrank.

Bietet man diesen Tieren im Labor statt der Blüten nur Zuckerwasser und Honig, altern und sterben sie nach wenigen Tagen. Aber wenn sie in Blüten die Verjüngungsdroge sammeln können, halten sie sich jung bis zum Hochzeitstanz.

Dieser ist ein seltsames Unternehmen: Das Hummelmännchen fliegt ständig in einem Kreis von 350 bis 400 Meter Umfang und markiert dabei etwa zwanzig Stelldichein-Plätze mit einem Sexual-Lockstoff aus der Mandibeldrüse, eben jener Jugenddroge: Baumstümpfe, Grashalme, Zweige in Baumwipfeln und Büschen oder auch an Steinen oder Heidekraut.

Die einmal gewählte sogenannte Schwarmbahn durchfliegt die männliche Hummel immer wieder wie eine Ringlinie der Straßenbahn. Dabei kann sie nur hoffen, daß inzwischen ein Weibchen den Duft einer »Haltestelle« bemerkt hat und dort zwecks sofortiger Paarung wartet. Ist die Hummelin einmal besamt, gräbt sie sich in die Erde ein, um im nächsten Frühjahr einen eigenen Kleinstaat zu gründen und Königin zu werden.

Je weniger Glück ein Männchen mit dieser Art von Heiratsanzeige hat, desto mehr verausgabt es sich. Trotz gelegentlichen Nachtankens wird das Liebes- und Jugendelixier allmählich aufgebraucht. Dann verwelkt des Männchens Jugendfrische, und es naht der Tod.

Natürlich hat unsere Arzneimittel-Industrie versucht, diese »Zauberdroge« für den Menschen zu gewinnen und sein Altern damit zu verzögern. Bislang zeigte sich aber keine wissenschaftlich nachweisbare Wirkung. Menschen sind eben keine Hummeln. Leider.

44. Der Blitzkrieg leuchtender Fische

Eine der erregendsten Geschichten der modernen Verhaltensforschung begann im Jahre 1967 kurz nach dem Ende des israelisch-arabischen Krieges. Israelische Truppen patrouillierten nachts an der Sinai-Küste des Roten Meeres, als einige Wachtposten auf zehn Meter lange, gespenstisch grün schimmernde »Seeschlangen« aufmerksam wurden, die sich dem Ufer näherten.

An Spuk oder Loch-Ness-Ungeheuer dachten die einen, an arabische Froschmänner die anderen und warfen Handgranaten.

Am nächsten Morgen lagen aber keine Monster auf dem Strand, sondern Hunderte von kleinen, höchstens handtellergroßen Fischen. Sie waren tot, aber immer noch glimmte fahles Licht geisterhaft aus ihren Backenhöhlen.

Der amerikanische Meeresbiologe Professor John E. McCoster begann sich dafür zu interessieren. Er fing die ersten lebenden Exemplare, indem er nachts zu ihnen hinabtauchte und sie mit einem Scheinwerfer anstrahlte. Das schien für diese Nachtschwärmer, die in der Dunkelheit mondloser Nächte aus den Spalten der Korallenriffe hervorkommen und an die Oberfläche steigen, das Lichtsignal dafür zu sein, sofort in völliger Bewegungslosigkeit zu erstarren. So ließen sie sich leicht keschern.

Diese Tiere tragen unter jedem Auge eine Art Autoscheinwerfer, mit dem sie aber nicht nur nach vorn strahlen, sondern auch ebenso grell blinken können wie der Mensch mit einem Blitzlichtgerät.

Wie der Forscher jetzt herausfand, benutzen diese Fische einen regulären Blink-Code, um sich untereinander zu verständigen und Beute anzulocken. Sie können mit ihren Scheinwerfern aber auch Feinde blenden und verwirren und für sich die Nacht zum Tage machen. Seit 1975 heißen sie wissenschaftlich »Blitzlicht-Fische«.

Der Lichtschein aus der 0,5 mal 1 Zentimeter großen Blitzlampe ist der hellste, den ein lebendes Wesen abstrahlen kann. Erzeugt wird das kalte Licht allerdings nicht vom Fisch, sondern von seinen »Leuchtsklaven«: mikroskopisch winzige Bakterien, die wie die Erreger des Meeresleuchtens ständig strahlen. In einer Hautblase sitzen etwa 10 Milliarden dieser Einzeller und summieren ihre Leuchtkraft zum blendenden Schein.

Das An- und Ausknipsen der Lampen besorgen die Fische aber selber. Die Angehörigen einer Art schieben ein »Verdunkelungsrollo« wie ein Augenlid von unten über den Scheinwerfer. Mitglieder einer anderen Art drehen den Lichtbeutel ähnlich wie einen Augapfel nach unten, bis die lichtdurchlässige Stelle hinter der Haut verschwunden ist.

Wenn die Tiere ungestört umherschwimmen, senden sie nur

dreimal in der Minute ein »Pausenzeichen«, also einen Lichtblitz von einer Zehntelsekunde Dauer. Das ist ziemlich selbstmörderisch, denn größere Raubfische werden davon angelockt. Indonesische Fischer halten sich Blitzlichtfische in einem geschlossenen Korb unter ihrem Boot und speeren die großen Raubfische, die ihre Laternenträger fressen wollen.

Um sich gegen diese zahlreichen Räuber zu schützen, praktizieren die Blitzlichtfische daher mehrere Leuchttricks.

Kommt ein Feind heran, blinken die in Schwärmen bis zu 200 Tieren lebenden Feuerwerker schneller als beim »Pausenzeichen«, aber nicht synchron, sondern wirr durcheinander. Der Räuber sieht also eine Lampe, will zustoßen, da verlöscht das Licht, daneben blitzen andere auf, er wechselt das Ziel, das gleich darauf auch verschwindet. Und so geht das weiter bis zur totalen Verwirrung des Feindes.

Außerdem halten die Blitzlicht-Träger durch ihre Illumination den Zusammenhalt im Schwarm aufrecht. Bei Gefahr formieren sie sich zu einem dichten Verband, der etwa zehn Meter lang und dick wie eine Riesenschlange ist, so daß viele Feinde schon aus Angst vor dem vermeintlichen Seeungeheuer die Flucht ergreifen. Ein erstaunlicher Fall von kollektiver Mimikry!

Hingegen sind die Angehörigen einer anderen Art von Blitzlichtfischen Einzelgänger. Trotzdem verstehen auch sie es, ähnlich wie ihre Verwandten, zu irrlichtelieren.

Immer wenn ein Räuber dicht herankommt, blitzen sie ihm in die Augen, blenden ihn, gewinnen Zeit, verdunkeln ihre Lampen, schlagen einen unberechenbaren Haken, blitzen wieder kurz, als wollten sie sagen: »Kuckuck! Hier bin ich!« und wiederholen das Spiel so lange, bis der Feind aufgibt. »Blitzen und Ausreißen« nennt das Professor McCoster.

Darüber hinaus benötigen die Blitzlichtfische ihre Lampen, um Beutetiere anzustrahlen: etwa einen Salzkrebs. Als der Forscher den Fischen die Scheinwerfer mit Isolierband zuklebte, konnten sie im Dunkeln keine Beute mehr fangen. Eine Lampe über dem Aquarium erlöste sie aber sofort von der Hungersnot.

Wenn sie es wollen, können die Laternenträger auch Blinksignale »morsen«, um sich untereinander zu verständigen. Sobald sie Beute wittern und Schwarmgenossen in der Nähe sind, blitzen sie in einem speziellen Futterlock-Code: »Achtung an alle: Hier gibt es gutes Futter!«

Neueste Forschungen lassen bereits vermuten, daß diese Fische zur Laichzeit mit ihren Schweinwerfern »Liebeslieder« blitzen können, um Geschlechtspartner anzulocken und zu bezirzen.

45. Hirten lernen die Rentiersprache

Kaana, eine 15jährige Rentier-»Dame«, war unumschränkte Herrscherin über eine tausendköpfige Herde. Da strolchten zwar noch sechs Hirten um ihre Herde herum, Lappländer im bunten Kostüm, und zwei Hunde. Aber wenn die etwas wollten, mußten sie sich erst mit Kaana auseinandersetzen, denn die Herde tat nur, was Kaana wollte, nicht was die Menschen befahlen.

Das zeigte sich gerade jetzt, da die große Herde auf ihrer 700 Kilometer weiten Herbstwanderung am Ufer des Torneträsk angelangt war. Das ist ein 130 Kilometer langer, aber hier nur 800 Meter breiter, fjordartiger See. Wollte man sich einen Riesenumweg sparen, mußte man das eiskalte Wasser durchschwimmen.

Kaana war ohnehin schon böse, daß sie von den Menschen immer so getrieben wurde. Eine Woche später wäre der See sicher schon zugefroren, und sie könnten übers Eis laufen.

Die Menschen schoben und zogen sie zum Ufer. Die Hunde bellten und bissen. Aber Kaana war nicht zu bewegen, auch nur einen Fuß ins Wasser zu setzen. Und ehe sie nicht ging, ging auch kein anderes der tausend Rentiere.

Da griffen die Hirten zu einer List. Sie liehen sich von einem Fischer einen Kahn, zogen ihn an Land, warfen für Kaana Futter hinein, und als sie fressen wollte, schob man das Boot mit ihr schnell ins Wasser. Im gleichen Augenblick folgte die ganze Herde nach. Aber während Kaana und die Menschen im Boot fuhren, mußten die tausend Rentiere schwimmen.

Die ganze weite Wanderung vom Sommeraufenthalt zu den Gebieten mit Winteräsung wird jedoch nur unternommen, weil die Tiere es so wollen. Von alters her steckt der Wandertrieb noch so stark in ihnen, daß sie die Menschen nicht wie Kühe im Stall oder auf fester Weide halten können. Vielmehr müssen die Menschen überall dorthin mitgehen, wohin die Tiere wollen.

Im wörtlichen Sinne ist das Ren also gar kein Haustier. Eher könnte man sagen, daß der Mensch zum »Haustier« des Ren geworden ist. Auch ist es nicht die Menschensprache, in der die Lappländer diesen Tieren etwas mitteilen, sondern umgekehrt: Wenn sich die Menschen den Tieren verständlich machen wollen, benutzen sie deren Sprache:

Wollen die Hirten ihre tausend Nordlandhirsche um sich versammeln, stoßen sie genau dieselben Rufe aus, mit denen die Renmütter ihre Kinder zu sich rufen. Zittert die große Herde aus Angst vor einer Gefahr, beruhigt sie der Hirt mit den gleichen Lauten, mit denen ein Muttertier sein Junges tröstet.

Soll die Herde weiterziehen, treibt der Lappe das Leittier mit eben denselben Rufen an, mit denen dieses Tier die von ihm angeführte Herde zum Geschwindschritt anspornt. Dabei hört das Leittier nur auf den Menschen, die Herde nur auf das Leittier. Gibt dieses den Befehl nicht weiter, können sich die Hirten auf den Kopf stellen – die Herde bleibt stehen.

Wie kommt es eigentlich, daß ein Weibchen solche Macht über tausend Tiere hat, und nicht etwa ein Männchen, ein Renhirsch?

Dies liegt an einem Eingriff des Menschen:

Im allgemeinen sind die Rene die zahmsten aller Großhaustiere, obwohl Männchen wie Weibchen ebenso gefährliche wie prächtige Geweihe tragen. Wenn die Hirten Fleisch brauchen, schlachten sie ein Tier mitten unter den anderen. Die schauen völlig gleichgültig zu, ohne Anzeichen des Schauderns und auch ohne künftig Furcht vor dem Menschen zu bekommen.

Nur in der Brunft werden die Männchen so aggressiv, daß sie nicht nur untereinander erbitterte Kämpfe um den Besitz eines etwa zwanzigköpfigen Kleinharems ausfechten, sondern auch den Menschen niederstoßen und tödlich verletzen können.

Deshalb erlauben die Lappen den Hirschen nur im ersten Jahr ihrer Geschlechtsreife, wenn sie noch für den Menschen harmlose Jünglinge sind, sich mit den Weibchen zu paaren. Kurz nach ihrer ersten Brunft werden sie kastriert, und damit wandeln sie sich zu allzeit friedlichen Eunuchen.

Da sie nicht kämpfen wollen, räubern sie sich auch nicht, wie ihre wildlebenden Verwandten, kleine Harems zusammen, die dann in Gruppen zu zwanzig durch die Gegend streifen.

So ist es überhaupt erst möglich, daß die Menschen bis zu tausend Tiere in einer Herde zusammenhalten können.

Und mehr noch: Die kastrierten Ex-Männchen sinken infolge ihrer extremen Friedfertigkeit sogar noch unter den Rang der körperlich etwas kleineren Weibchen. Sie tun willig, was das »schwache« Geschlecht ihnen vorschreibt.

Die Jünglinge taugen zwar schon zur Paarung, aber für voll nimmt sie noch kein erwachsenes Ren. Das ist der Grund dafür, weshalb in der gezähmten Herde ein Weibchen der Boß ist – ganz im Gegensatz zu den Gepflogenheiten in der Wildherde.

46. Die Schule der Freiheit

Auch für die Engländerin Stella Brewer war es ein Experiment: Zum erstenmal unternahmen die beiden jungen Schimpansen William und Pooh mit ihrer Beschützerin einen Ausflug in die Wildnis Senegals, die zu ihrer neuen Heimat werden sollte – später einmal, wenn sie erst gelernt hatten, selbständig in Freiheit zu leben.

Als beide Schimpansen noch kleine Kinder gewesen waren, hatten Wilderer ihre Mutter erschossen und die Hilflosen an den

Tierhandel verkauft. So waren sie einsam in Käfigen aufgewachsen. Würden sie jemals die Fähigkeit erlangen können, auf sich selbst gestellt im Dschungel zu existieren?

Gerade hatten die beiden einen Affenbrotbaum erklettert und schmatzten genüßlich an den wurstförmigen Früchten, als es im Gebüsch knackte und ein Elefant auf sie loswalzte. Schnell sprang William der 25jährigen Engländerin auf die Schultern. Aber Pooh blieb wie hypnotisiert auf einem Ast sitzen. So ein riesiges Tier hatte er sein Lebtag noch nicht gesehen.

Der Elefant kam noch näher heran und riß mit dem Rüssel einen Ast krachend vom Baum. Pooh grinste vor Angst. William fing an zu wimmern, hörte aber sofort auf, als Stella den Zeigefinger an die Lippen legte. Diese Zeichensprache des Menschen bedarf im Schimpansischen keiner Übersetzung.

Noch hatte der Elefant die Affen und Stella nicht entdeckt. Aber er rührte sich auch nicht vom Fleck. Da legte die Engländerin, diesmal zu Pooh gewandt, den Finger an die Lippen und breitete danach ihre Arme weit aus. Glücklicherweise begriff der Affe sofort, daß er nicht mit Gepolter zu ihr springen, sondern leise schleichen sollte. Nur als Pooh ihr in die Arme hüpfte, quiekte er kurz vor Erleichterung.

Es war noch einmal gutgegangen. Aber die tödliche Bedrohung auf dem ersten Weg im Dschungel verwandelte die beiden Schimpansen von Grund auf. Kalberten sie bislang verspielt wie einst hinter Gittern umher, so war ihnen jetzt schlagartig der Ernst des Lebens in die Knochen gefahren. Von nun an spähten und lauschten sie ständig nervös umher.

Einige Tage später wurden sie dennoch von einer Herde wilder Büffel überrascht. Nun mußte Stella Brewer ihren Schülern klarmachen, daß man angesichts dieser Gefahr nicht vom Baum runter, sondern gerade auf ihn hinaufspringen muß. Wie erklärt man das Schimpansen am besten? Man macht es ihnen vor – aber dalli, auch wenn sich schon so ein 30-Kilogramm-Paket huckepack festgeklammert hat.

Schimpansen den Umgang mit der Freiheit zu lehren, ist Stella

Brewers selbsterwählte Lebensaufgabe. Als Tochter eines Wildtierhegers im westafrikanischen Gambia aufgewachsen, betreibt sie heute, ganz allein auf sich gestellt, im Niokolo-Koba-Nationalpark des benachbarten Senegal an den Hängen des Mount Asserick ein Rehabilitationszentrum zum Auswildern gefangener Schimpansen.

Ihre Grundidee: Der Ausrottung freilebender Menschenaffen kann nur Einhalt geboten werden, wenn alle im Tierhandel verbotenerweise auftauchenden Schimpansen sofort beschlagnahmt und, nach einigen Monaten in der Affenschule, wieder lebenstüchtig in Freiheit gesetzt werden. Die Regierungen der westafrikanischen Staaten unterstützen die mutige und kluge Frau hierbei mit Gesetz und Geld.

Was bei ihr an Neulingen eintrifft, spottet jeder Beschreibung: unterernährte, blutig geschundene, kranke Kreaturen. Oder aber Wesen wie Pooh: Französische Zieheltern hatten ihn wie ein Menschenkind verhätschelt, mit Windeln und Rüschenhöschen gekleidet und viel allein gelassen. Er durfte auf keinen Baum, nicht einmal auf einen Tisch klettern. Das Ergebnis war ein verhaltensgestörter Stadtneurotiker, der ständig mit dem Oberkörper krankhaft hin und her pendelte.

Würde so etwas je wieder frei im Dschungel leben können? Stella erbrachte in jahrelangen Mühen den Beweis, daß es möglich war.

Stella hat kein einziges Semester Tierpsychologie studiert, aber sie lebt so eng mit ihren Tieren zusammen, daß Verhaltensforscher nur vor Neid erblassen können. Das Erfrischendste aber ist, daß sie ohne theoretischen pädagogischen Ballast ihre Aufgabe, die Fachleuten unmöglich erschienen war, meistert: »Ich will so wenig wie möglich an den Schimpansen herumerziehen«, betonte sie. Im ständigen »Dialog mit der Natur« will sie ihnen »nur« helfen, die Gefahren des Lebens zu meistern.

Sie lehrt ihre sechs Schimpansen, wie man einen Grabstock anfertigt und mit diesem Werkzeug Wurzeln ausgräbt. Sie zeigt ihnen, unter welchen Blättern eßbare Wurzeln wachsen. Findet sie einen genießbaren Pilz, grunzt sie in Schimpansensprache »Gutes Essen!« und schmatzt vor Behagen. Gleich tun es ihr die Schüler nach. Angesichts giftiger Pilze schüttelt sie sich vor Ekel ... und kann fortan sicher sein, daß diese von den Menschenaffen nie angerührt werden. Ein richtiger Lehrgang in Botanik!

Zum Überlebenstraining im Urwald gehört auch das Öffnen der harten Schoten des Afzelia-Baumes. Das gelingt nur mit einem Stein als Werkzeug. Raphaella, eine junge Italienerin, die Stella zeitweise half, zeigte den Schimpansen, wie das gemacht wird, bis die Schale mit einem Knall zerspringt und den Leckerbissen freigibt.

Hierauf baute eine eigene Erfindung der Schimpansen auf. Nachdem ein Buschfeuer über das Land gefegt war, holte Tina, ein erwachsenes Weibchen, verkohlte Afzelia-Kerne aus der Asche und aß sie. Diese schmecken so gut wie geröstete Erdnüsse. Sofort machten ihr die anderen Schimpansen das nach. Und auch Stella und Raphaella kannten von nun an eine Delikatesse des Urwaldes mehr.

»Eine ähnliche Szene«, begeistert sich Stella, »muß seinerzeit die Vorfahren des Menschen inspiriert haben, Feuer zu machen und es zu nützen.«

Bei Jane Goodall, der bekannten englischen Zoologin, die seit zwanzig Jahren das Leben wilder Schimpansen im ostafrikanischen Gombe-Reservat erforscht, lernte Stella viele Dinge aus dem Leben dieser Tiere. So konnten Erfahrungen, die ostafrikanische Schimpansen in freier Wildbahn gewonnen hatten, durch Vermittlung des Menschen an zahme westafrikanische Schimpansen weitergegeben werden, um ihnen ein Leben in der Wildnis zu ermöglichen.

Ein Beispiel ist das Angeln von Termiten. Stella knickte einen 30 Zentimeter langen Zweig ab, entlaubte ihn und ging zu einer Termitenburg. Dort kratzte sie mit dem Fingernagel ein Flugloch frei, steckte das Werkzeug hinein und holte es wieder heraus. Zahlreiche Termitensoldaten hatten sich daran festgebissen.

Ein routinierter Schimpanse zerquetscht die Tiere einzeln und verschmatzt sie mit Wohlbehagen. Also hielt Stella den Zweig mit ihrer Beute den Schülern vor die Nase und grunzte wieder »Gutes Essen«. Doch betrachteten die Zuschauer das Gebotene mit äußerster Skepsis. So blieb Stella nichts anderes übrig, als das Zeug selbst zu kauen, zu schlucken und unübertrefflichen Wohlgeschmack vorzutäuschen.

Da langte Pooh endlich mit zwei Fingern zu. Die Termite ließ den Zweig los und zwickte in Poohs Finger. Schreiend sprang er auf und gebärdete sich wie wild. Damit war die Vermittlung dieses Wissens zunächst gescheitert.

Eines Morgens saß Stella am Ufer des Baches, als sie hinter sich im hohen Gras William kreischen hörte. Seine sämtlichen Haare hatten sich gesträubt wie bei einer Flaschenbürste. Dann schleuderte er Steine gegen etwas, das im Gras verborgen war. Schließlich ergriff er einen dicken Ast und drosch damit los.

Als Stella heranstürmte, sah sie, was los war: William hatte eine Python-Riesenschlange entdeckt. Auch Schlangen hatte er zuvor noch nie gesehen. Aber irgendwie war ihm das Biest zuwider, und er fühlte sich stark genug, es zu bekämpfen.

Das konnte lebensgefährlich werden. Deshalb stieß Stella den Schimpansen-Warnschrei aus und flüchtete laut wimmernd mit allen Anzeichen schlotternder Angst. Da ließ William sein Bravourstück sein und lief ihr nach. Fortan machte er um jede Schlange einen großen Bogen.

Dieser Vorfall zeigte aber, daß es höchste Zeit war, alle Affen dazu zu bewegen, die Nacht, wenn Schlangen und andere Räuber am Erdboden am aktivsten sind, in einem aus Zweigen selbst zusammengeschlungenen Baumnest zu verbringen.

Das junge Schimpansenmädchen Yula, das erst vor wenigen Wochen aus dem Londoner Zoo hier eingetroffen war, lernte den Nestbau zwar schnell, aber sie sah trotzdem nicht ein, weshalb sie in schwindelnder Höhe schlafen sollte, statt, wie im Zoo, auf dem bequemen Erdboden. Also mußte ihr nachts Angst eingejagt werden.

Schon früher hatte Stella beobachtet, daß die Schimpansen

angesichts des Schädelknochens eines toten Büffels panische Angst befiel. Sie nutzte das aus, um ihren Geländewagen samt Fotoausrüstung vor unbefugtem Zugriff zu schützen. Es genügte vollauf, den Schädel auf einen Stock im Auto zu stecken, und schon sicherte dieser »Totempfahl« das »Tabu«.

Zu Beginn der Nacht stülpte sich ein schwarzer Helfer den Schädel über den Kopf, steckte eine Taschenlampe in die hohlen Augenhöhlen, warf sich eine Decke über und spielte bei Yula »Gespenst«. Von nun an hatte sie nie wieder das Verlangen, auf dem Erdboden zu schlafen.

Eines Tages hatte Stella ein schockierendes Erlebnis. Tina, Cheetah und Albert führten die Affensafari an, gefolgt von William und Happy, während Flint, Ann und Pooh neben Stella gingen. Plötzlich sprang Tina in den Busch, und alle anderen rannten hinterher, als hysterisches Kreischen erscholl.

»Ich sah«, berichtete Stella, »daß Tina eine winzige junge Meerkatze in der Hand hielt. Sie lebte noch und quiekte. Ich streckte meine Hand aus und bat sie mit bebender Stimme, mir das Affenbaby zu geben, worauf alle nur noch lauter kreischten. Ich kapierte nicht, warum. Mir war nur klar, daß sie dem Äffchen etwas antun wollten. Ich mußte es retten. Ich befahl Tina, das Äffchen loszulassen. Doch sie kletterte immer höher. Plötzlich hob sie den kleinen Körper an ihren Mund und biß in den Kopf. Das Quieken hatte aufgehört. Tina begann abzubeißen und zu kauen.«

Stella verzweifelte an der Welt. Erst später bekam sie Jane Goodalls Forschungsbericht, aus dem hervorging, daß Schimpansen keineswegs Vegetarier sind, sondern daß sie regelmäßig kleinere Tiere jagen, um deren Fleisch zu verzehren. Ihre Schützlinge waren also keine entarteten Bestien. Vielmehr handelten sie ganz instinktiv, ohne daß es ihnen jemand gezeigt hätte, genauso wie ihre in Freiheit lebenden Artgenossen.

Der fanatischste Jäger von allen wurde William. Wenn ihm ein kleiner Stummelaffe entkommen war, setzte er sich wimmernd hin und rang die Hände. Hatte er nach einer weiteren Stunde noch immer kein Glück, schlug er voller Wut Purzelbäume und schrie dazu, bis ihm die Luft ausging. Am nächsten Tag begann er von neuem zu jagen. Das nennt man Jagdfieber.

Kritisch wurden die Begegnungen mit wilden Pavianen. Einmal hatte Tina ein Paviankind gefangen. Auf dessen Geschrei hin stürzte sich die ganze Horde auf die wenigen Schimpansen, und es kam zu einer regelrechten Schlacht. Stella raste wie Tarzan durch den Dschungel zum Kampfplatz. Die Paviane stoben vor ihr davon. Sie wußten ja nicht, daß dieser Mensch unbewaffnet und noch harmloser als die Schimpansen war. Ihre Pfleglinge waren noch am Leben, wenngleich arg zerzaust und blutig gebissen.

Das Schwierigste aber war, daß sich die Schimpansen mit Stella im Rücken nun sehr stark vorkamen und bei nächster Gelegenheit wieder auf die Paviane losgingen. In schwieriger Prozedur mußte die junge Frau ihnen klarmachen, daß sie sich lieber verdrücken sollten.

Stellas sehnlichster Wunsch, ihre Schützlinge möchten mit den in der Nähe umherstreifenden wilden Schimpansen Freundschaft schließen, drohte hieran zu scheitern. Denn ihre Tiere benahmen sich gegen die wilden Artgenossen ähnlich wie gegen die Paviane.

Zweimal kam es zu gefährlichen Gefechten. Schließlich glaubte sich Stella am Ziel. Die Erregung legte sich auf beiden Seiten. Freundschaftlich versuchte sie sich einem wilden Schimpansen zu nähern. Da hoppelte Pooh von hinten heran, drohte mit »Uaa«-Gebrüll, und alles war aus.

Statt zum Gruppenbündnis kam es aber zu Einzelverbindungen. Cheetah verschwand spurlos. Erst nach einem Jahr tauchte er wieder im Lager auf, weil er an einem Durchfall litt und sich von Stella ärztlich behandeln lassen wollte. Als er gesund wurde, lief er wieder davon. Wahrscheinlich lebte er bei wilden Artgenossen.

Auch Tina blieb immer länger weg, schließlich oft wochenlang. Eines Tages erschien sie wieder – mit einem eigenen, kerngesunden Baby im Arm!

Dies war für Stella der Beweis, daß es ihr gelungen war, den mutterlos oder im Zoo aufgewachsenen Schimpansen den schwierigen Umgang mit der Freiheit plausibel zu machen.

47. Schimpansen zeichnen Tiere

Die dreijährige Schimpansin Moja hat 1977 etwas geleistet, was man bei Tieren bislang für völlig unmöglich hielt und was ein gleichaltriges Menschenkind auch noch nicht kann: Sie zeichnete mit dem Bleistift eine Katze, eine Erdbeere und schon mehrmals einen Vogel.

Daß diese Menschenaffen Freude daran haben, »abstrakte Gemälde« zu Papier zu bringen (man kann auch sagen: Farbschmierereien, die von Kunstexperten hochstilisiert wurden), ist seit einigen Jahren bekannt, desgleichen die Fähigkeit der Schimpansen zu einer Art Taubstummensprache mit den Händen oder zum Entziffern von symbolischen Plastikfiguren als »Vokabeln«. Dem gegenüber stellt die neue Entdeckung, daß diese Tiere auch »naturalistische« Bilder malen können, eine echte wissenschaftliche Sensation dar.

Dr. Allen und Beatrice Gardner von der Universität Nevada berichteten über dies Ereignis: Die Schimpansin Moja war von Geburt an in ihrer Familie aufgewachsen und beherrschte in der Taubstummensprache bereits 117 Wörter. Oft saß sie mit ihrem Pflegevater vor einem Zeichenblock, bekam jedoch nur das zustande, was der Forscher als Zufallsgekritzel bezeichnet. Aber plötzlich zog Moja auf einem neuen Blatt völlig aus eigenem Antrieb nur ganz wenige Linien zu einer Figur. Dr. Gardner erschien dies zunächst zu wenig für ein Blatt Papier zu sein, und so forderte er Moja auf, weiterzumalen. Aber das Tier streikte und behauptete in der Taubstummensprache: »Fertig!« Nach einigem Rätselraten kam dem Forscher die Idee, Moja zu fragen: »Was ist das?« Ohne zu zögern kam die Antwort: »Vogel.«

War das, was die Zeichnung zeigte, tatsächlich das Abbild eines Vogels? Oder war es das Abbild des Taubstummen-Sprachsymbols dafür, nämlich eine Hand mit ausgestrecktem Zeigefinger und Daumen, während die übrigen drei Finger flügelgleich auf und ab schlagen?

Wichtiger als diese Frage ist die Versicherung des Forschers, daß Moja einen Vogel malen wollte und nach ihrer Ansicht auch gemalt hat. Immer, wenn Dr. Gardner noch einmal zurückfragte, wiederholte die Schimpansin dasselbe Wort »Vogel« und schaute den Gelehrten dabei an, als hielte sie ihn für doof, weil er das noch immer nicht kapiere – genauso wie kleine Menschenkinder am Verstand ihrer Eltern zweifeln, wenn diese ihre ersten Malversuche nicht auf Anhieb richtig deuten.

Inzwischen hat Moja die Vogelzeichnung schon mehrmals wiederholt. Einmal malte sie auch eine Katze und einmal eine Erdbeere – sofern man der Erläuterung des Affenmädchens glauben darf. Sollte sich dies alles bewahrheiten, hätten wir hier die erste zeichnerische Sachdarstellung vor uns, die ein Tier je angefertigt hat.

War es die Kenntnis der Sprache, die Moja vom Menschen erlernt hat, welche dem Tier nun half, besser zu denken, eine vom Gegenstand gelöste Vorstellung von einigen Dingen zu entwickeln und damit einen neuen Ur-Anfang zur darstellenden Kunst zu machen?

Nicht weniger erregend sind weitere Forschungsergebnisse über die mit Handzeichen sprechenden Schimpansen. Die Gardners haben Moja mit dem ein Jahr jüngeren Schimpansen »Pili«, der dieselbe Sprache erlernt hatte, zusammengebracht und »belauschten« beide bei ihren Gesprächen durch eine Einwegscheibe. Tatsächlich benutzten beide Tiere die vom Menschen gelernten Wörter, um miteinander zu reden. Bislang beschränkte sich die Unterhaltung jedoch auf den Austausch typisch kindlich-sorgloser Wünsche wie: »Komm her, kitzele mich!« oder »Komm her, hasch mich!«

Im Gespräch mit dem Menschen wurden sie schon zu geistig höher stehenden Ergüssen angeregt. Zum Beispiel hatten sie ein Handzeichen für »Kopftuch« gelernt. Aber sie übertrugen dasselbe Wort auch auf ähnliche Dinge, für die sie keinen speziellen Ausdruck erlernt hatten: auf Taschentücher, Putzlappen oder die Augenbinde für das Versteckspiel – je nach dem Sinnzusammenhang. Ebenso gebrauchten sie das Wort »Getränk« gleichermaßen für Milch, Wasser, Fleischbrühe, Orangensaft und Regentropfen an der Fensterscheibe. Dies ist für ein Tier ein ganz beachtliches Abstraktions- und Verallgemeinerungsvermögen.

Noch erstaunlicher sind aber eigenständige Wortneubildungen dieser Schimpansen: Mit »Wasser« und »Vogel« bezeichnete Moja eine Ente. Scharfen Senf, den sie gar nicht mochte, definierte sie unmißverständlich: »Nahrung mit Verletzung.«

VII.

Typisches über Supermänner

48. Raufen macht friedlich

Die beiden Bisonbullen schnaubten sich durch geblähte Nüstern die Wut ins Gesicht, daß der Staub der nordamerikanischen Prärie aufwirbelte. Dann scharrten sie mit den Hufen und brüllten sich inmitten einer 170köpfigen Herde weiblicher Tiere mit einer Stimmgewalt an, die noch in acht Kilometer Ferne als dumpfes Grollen vernehmbar war.

Ein Koloß stand gegen den anderen, jeder drei Meter lang, mit einem Körpergewicht von etwa 1000 Kilogramm und mit der

Idealfigur eines Supermannes: eine extrem schlanke »Taille« auf muskulösen Oberschenkeln, ein nach vorn zu immer gewaltiger werdender Brustkorb mit dem sprichwörtlich gewordenen Stiernacken und einem gehörnten, bulligen Ramskopf.

Welche Kraft in diesem Körper steckt, zeigten Versuche: Der Bison durchbricht bereits im ersten Anlauf bis zu fünf Zentimeter dicke Eichenholzplanken. Muß es beim Kampf dieser Muskeldynamitpakete nicht unweigerlich Tote geben?

Mit tief gesenkten Köpfen gingen beide aufeinander los. Der Zusammenprall der Schädel, mit voller Wucht herbeigeführt, klang dennoch überraschend dumpf und weich. Kein Wunder, denn in der Brunstzeit trägt jeder Bulle einen dichten Lockenpelz auf der Stirn, als Stoßdämpfer sozusagen.

Unter Aufbietung der äußersten Kräfte krümmten sich die Nacken und Rücken wie gespannte Bogen. Die Hufe der Hinterbeine preßten sich bis zu zehn Zentimeter tief in den hartverkrusteten Prärieboden. So versuchten beide Gegner, den anderen vor sich herzuschieben.

Doch schon nach dreißig Sekunden kam das für Sensationslüsterne enttäuschende Ende: Beide Tiere traten einen Schritt zurück. Dabei wendete der sich unterlegen Fühlende seinen Kopf zur Seite, zwar nur um etwa fünf Grad und für den Bruchteil einer Sekunde, aber das genügte bereits, um vom Sieger als Unterwerfungsgebärde verstanden und akzeptiert zu werden. So gingen sie dann friedlich auseinander.

Nur in seltenen Ausnahmefällen geschieht einmal ein »Betriebsunfall«. Wenn beim Gegeneinanderpressen die Köpfe unbeabsichtigt aneinander abgleiten, können die Hornspitzen bis zu halbmeterlange blutende Wunden in die Seite der Heldenbrust reißen.

Die Technik des normalen, also unblutigen Kampfverlaufs ist nur einer von mehreren Kunstgriffen der Bisonbullen, aus einem Zwickmühlenproblem herauszukommen: einerseits im Messen der gewaltigen Kräfte die Stärksten bei der Fortpflanzung zu bevorzugen, andererseits aber die Kampfkraft der Herde, etwa gegen Wolfsrudel, nicht zu schwächen und bei aller sexuellen

Rivalität den sozialen Zusammenhalt in der Herde nicht zu zerstören.

Hierin liegt das Geheimnis des ungeheuren Lebenserfolges, der den Bisons einst in Nordamerika beschieden war. Noch um 1830 weideten rund 60 Millionen dieser Tiere auf den weiten Prärien, eine Zahl, die von keinem anderen Wildrind je auch nur annähernd erreicht wurde ... bis der weiße Mann mit seinen Feuerwaffen kam und sie in einer Massenmetzelei ohnegleichen beinahe ausgerottet hätte. Ein zweiter Kunstgriff für diesen Lebenserfolg besteht darin, daß die vierbeinigen Supermänner während der Brunstzeit Ende Juli bis Mitte August den Zweikampf als immerwährendes sportliches Vergnügen betrachten. Professor Dale F. Lott von der Universität Kalifornien zählte, daß jeder der 35 Bullen, die in eine große Kuhherde im Bison-Nationalpark von Montana eingedrungen waren, in jeder Tagesstunde ein oder zwei Turniere bestritt. Durch ständigen Kampf wird die Aggression immer wieder abgebaut, bevor sie sich zu einem lebenzerstörenden Niveau aufstaut.

Oftmals geschieht sogar folgendes: Ein Bulle will gerade bei einer Bisonkuh zur Paarung aufreiten, da entdeckt er weit hinten in der Herde seinen Lieblingsfeind. Jener beabsichtigt zwar zur Zeit gar nicht, ihn beim sexuellen Akt zu stören, aber beim letzten Kampf hatte der Lieblingsfeind über ihn gesiegt, und diese Blamage will er nun prompt aus der Welt schaffen. Obgleich die Paarung nur wenige Sekunden gedauert hätte, läßt der Bulle sein Weibchen achtlos stehen und trabt zu seinem Raufkumpel, um abermals mit ihm zu kämpfen.

Bisonbullen ist die Befriedigung des Geltungsbedürfnisses wichtiger als die Liebe.

Während in vielen anderen Tiergesellschaften die im einmaligen Zweikampf erstrittene Rangfolge für viele Monate, Jahre oder gar fürs ganze Leben unverrückbar bestehen bleibt und somit für Ruhe und Ordnung sorgt, gilt unter Bisonbullen die gesellschaftliche Stellung nur bis zum nächsten Kampf, also nur für Tage oder gar Stunden. Ruhe und Ordnung wollen sie gar nicht. Sie suchen inmitten der friedlich grasenden Weibchen ständigen Streit. Und sie kämpfen so oft, daß ihre Aggressionen keine gefährlichen Ausmaße annehmen.

Allerdings ist dies ein Zustand, den der ärgste Raufbold nur wenige Wochen lang schön finden kann. Mitte August, gegen Ende der Brunstzeit, wird es Zeit, mehr zu fressen statt zu kämpfen, um sich eine Speckschicht zum Überleben des nahenden Winters anzumästen.

Dann verlassen die Bullen die großen Herden der Weibchen und bilden zwei bis zwölf Tiere zählende reine »Männervereine«. Das prächtige Schmuckhaar am Kopf, der lange Bart und die »Hosen« verschwinden und damit die Feindbild-Signale, die wie eine Kriegsbemalung beim männlichen Betrachter aggressionsauslösend wirken. Die »Herren» bekommen wieder ein weibchenähnliches Aussehen! Damit kehrt der Frieden ein, wenigstens bis zur nächsten »Zeit der Liebe«.

49. Wasserbüffel auf Tigerjagd

Die Verwechslung zwischen Haus- und Wildtier sollte für den jungen, noch unerfahrenen Bengaltiger tödliche Folgen haben:

Bislang hatte er ziemlich unangefochten von den Haustieren gelebt, also von den Wasserbüffeln, die man in Indien auch Kerabaus nennt. Diese sind zwar zehn bis zwölf Zentner schwer, aber dennoch wahre Sinnbilder an Friedfertigkeit. Bereitwilliger noch als eine europäische Kuh, lassen sie sich sogar von sechsjährigen Menschenkindern führen. Da hatte der Tiger immer leichtes

Spiel und fette Beute, sofern keine Wächter mit Gewehren in der Nähe waren.

Nun glaubte er wieder, eine Haustierherde von Wasserbüffeln vor sich zu haben und griff an. Doch wie anders verhielten sich diese 17 Tiere: Sie stoben nicht in kopfloser Panik nach allen Seiten auseinander, sie flohen nicht einmal in einen Morast, sondern formierten sich während einer nur über dreißig Meter gehenden Scheinflucht zu einem Halbkreis, in dessen Mittelpunkt sich der Tiger unversehens befand.

Plötzlich warfen sich die Büffel wie auf Kommando herum und gingen mit tief gesenkten Hörnern zum Gegenangriff auf den während der Scheinflucht nahezu umzingelten Tiger vor. Sie schleuderten ihn mit ihren Stirnwaffen durch die Luft und zertrampelten ihn zu einer blutigen, leblosen Masse.

Indische Wildwarte berichteten sogar aus dem Assam-Nationalpark, daß eine Herde von wilden Wasserbüffeln, auch Arnis genannt, wenn sie nur auf die Duftspur einer Tigerfährte trifft, wie eine Meute von Bluthunden die Verfolgung aufnimmt, um die Raubkatze zu stellen und zu töten. Wilde Wasserbüffel gehen also regelrecht auf die Tigerjagd.

Selbst Elefanten weichen den Arnis aus, um keine Bauchverletzung zu riskieren. Nur Panzernashörner haben ein so dickes »Fell«, daß sie kein Bauchaufschlitzen durch Hornstöße eines Arnis zu befürchten haben.

Noch keinem Zoo der Welt gelang es, diese wilden Tiere zu halten. So unbändig ist ihre Angriffslust. So ähnlich muß man sich auch die Kampfkraft unseres ausgestorbenen europäischen Auerochsen, des Ur, vorstellen, gegen den gekämpft zu haben sich einst Jung-Siegfried zur Ehre anrechnete.

Trotzdem leben heute nur noch wenige hundert dieser bis zu zwanzig Zentner schweren und 1,80 Meter bis zur Schulter messenden Arnis in Freiheit. Neben der Wilderei ist es eine Verhaltensweise, die ihnen gegenwärtig durch die vom Menschen veränderten Umweltverhältnisse zum Verhängnis wird.

Bullen, die ihre Herrschaft über einen Harem im harten Kampf verloren haben und die danach als gefährliche Einzelgänger im Land umherziehen, reagieren ihren Sexualtrieb an Hausbüffelweibchen ab, die sie nachts auf der Weide überfallen. Dabei infizieren sie sich manchmal mit der Rinderpest und können diese bei einem »Comeback« auf eine Wildherde übertragen. Diese ist dann zum Aussterben verurteilt, da sie nicht unter tierärztlicher Kontrolle steht.

Aber auch schon innerhalb einer Haremsherde ist das Sexualverhalten der wilden Wasserbüffel höchst sonderbar. Die Gruppe umfaßt neben dem Pascha, fünf bis zehn Weibchen und deren Kälber nämlich auch noch ein, zwei oder gar drei sogenannte Beimännchen. Diese haben die Aufgabe von Eunuchen. Sie sind, wie der Fachausdruck heißt, »psychisch kastriert«. Die Angst vor der körperlichen Überlegenheit des Pascha-Bullen macht sie seelisch und körperlich zeugungsunfähig.

Der Zweck dieser Tier-Eunuchen ist ein doppelter: Der Harem braucht sie als Verteidiger, etwa gegen Tiger. Und, das ist etwas ganz Seltsames, der Pascha braucht das Überlegenheitsgefühl über impotente Beimännchen, um selbst potent zu sein.

Forscher hatten ihm einmal im Experiment seine Eunuchen weggenommen: Gleich war er unfähig, auch nur ein einziges Weibchen zu beschlagen!

Nach dem Tode eines Paschas braucht das stärkste Beimännchen allerdings nur wenige Tage, um sich vom Eunuchen zum sexuell voll potenten Bullen zurückzuverwandeln ... sofern er nun Beimännchen besitzt, die er drangsalieren kann.

Der wilde Wasserbüffel wurde in Indien und Indochina schon vor 4500 Jahren zum Haustier gemacht. Während die freien Ahnen kurz vor dem Aussterben sind, zählt man heute 78 Millionen Hausbüffel in aller Welt.

Von ihren Heimatländern wurden sie ostwärts nach China gebracht, wo sie auf den Reisfeldern unentbehrlich wurden. In westlicher Richtung gelangten sie über Mesopotamien nach Nordafrika.

Von dort brachten sie die Sarazenen vor etwa tausend Jahren

nach Südeuropa, wo sie, etwa in der Gegend um Neapel, heute noch zu sehen sind, allerdings als ziemlich vermickerte Rasse. Dort ist ihr Haupt-Daseinszweck, besonders eiweißhaltige Milch zu liefern, und zwar für den »wahren Mozzarella«, jenen herrlichen Weichkäse, der zur Pizza gehört.

50. Kälber trainieren den Stierkampf

Nachts gegen ein Uhr setzten bei Nicole, einer Wildrind-Kuh, die Wehen ein. Doch es war eine unruhige Nacht. Das Geheul eines Rudels verwilderter Hunde hallte schaurig über die südfranzösische Camargue-Steppe.

In diesem Falle können Wildkühe etwas, das wir Menschen nicht unter Kontrolle zu bringen vermögen: Sie zögern – ebenso wie Gnumütter – die Geburt mehrere Stunden hinaus, bis die geringste Witterung einer Gefahr verflogen ist.

Gegen Mittag des folgenden Tages schien die Luft rein zu sein. Nicole sonderte sich von ihrer aus sechs Bullen, 14 Kühen und acht Kälbern bestehenden Herde ab und suchte nach einem Versteck für die Geburt. Sie fand es im hohen Schilf eines ausgetrockneten Tümpels. Zehn Minuten später war Victor, ein gesundes Kälbchen, bereits auf der Welt.

Vier Tage lang hielt Nicole ihr Kind verborgen. Dann spazierte sie mit ihm zu ihrer Herde. Diese kam ihr schon von weitem entgegen, und alle beschnüffelten den neuen Erdenbürger liebevoll und mit regem Interesse.

Besonders die anderen Kälber freuten sich, daß sie einen neuen Spielgefährten hatten, nahmen Victor gleich in ihren »Kindergarten« auf und kalberten den ganzen Tag mit ihm herum. Die Mütter betrachteten das Spiel ihrer Jungen von weitem. Sie werden meist nur als Milchquell gebraucht.

Dieser sprudelt aber reichlich und etwa zehn Monate lang. Wird die Kuh dann nicht erneut trächtig, versiegt ihr Milchquell sogar noch viel später, nämlich erst dann, wenn das Kalb schon fast so groß wie die Mutter ist und mit den Zähnen die Zitzen so strapaziert, daß die Schmerzen nicht mehr zu ertragen sind. Das ist der Grund, weshalb sich Kühe als Dauer-Milchspender für den Menschen eignen und zum Haustier gemacht wurden.

Eines Morgens, als Victor mit seinen Freunden gerade Hornduell spielte, galoppierte wieder ein Rudel verwilderter Hunde über die Steppe auf die Kälber zu. Sofort blökten diese, daß es wie eine Alarmhupe klang. Prompt formierten sich die erwachsenen Tiere, die sechs Bullen voran, zur Schlachtreihe, rückten mit gesenkten Hörnern gegen die Hunde vor und jagten sie in die Flucht.

Ähnlich muß es auch in früheren Jahrtausenden gewesen sein, als sich die körperlich noch viel gewaltigeren Vorfahren unserer Hausrinder, die Urs, gegen Wolfsrudel zur Wehr setzten.

Als Victor etwa zwei Jahre alt geworden war, fühlte er sich sehr stark und wollte sich von den »Weibern« nicht mehr gängeln lassen. Doch keine Wildkuh räumt einem »Halbstarken« kampflos das Feld. So mußte Victor jede Kuh einzeln in heftigen, wenngleich harmlosen Hornduellen besiegen, sogar seine eigene Mutter.

Der Sinn dieser Verhaltensnorm liegt darin, die Jungtiere gleichsam durch eine »Stierkampfschule«, die von den Mutterkühen betrieben wird, zu schicken.

Verhältnismäßig harmlos sind auch noch die Hornkämpfe, die alle starken Bullen zur Zeit der Brunst um den Besitz der Kühe ausfechten. Der Boß-Bulle duldet nämlich durchaus eine ganze Reihe von »Nebenmännchen« in seiner Herde. Als Krieger zur Verteidigung gegen Feinde sind sie ja von unschätzbarem Wert.

In der Brunst führt das aber zu Komplikationen. Als sich zum Beispiel bei Nicole die Empfängnisbereitschaft anbahnte, bemerkten das die Bullen sofort am Geruch. Die Kuh war aber noch keineswegs willig, intimen Besuch zu empfangen. Die erfahrenen Stiere wußten das, ließen daher die jüngeren Bullen ungehindert an die Kuh heran und schauten nur zu, als die jungen »Herren« von Nicole nichts als schmerzhafte Hornstöße bekamen.

Aber je weiter ihre Empfängnisbereitschaft fortschritt, desto ranghöhere Bullen nahmen an den sexuellen Aufreitversuchen ihrer niederen Kumpanen regelrecht Anstoß und vertrieben sie mit ein paar Hornstößen. Da die Rangordnung hier von vornherein feststeht, wird um den Besitz der Weibchen also gar nicht mit äußerster Erbitterung gekämpft. Lediglich auf dem Höhepunkt von Nicoles Brunst, also nur dann, wenn das Liebesspiel tatsächlich Nachwuchs zeugt, regierte allein der Boß.

Das ging so lange gut, bis der Herdenführer deutliche Anzeichen von Altersschwäche verspürte. Dann, eines Tages, rotteten sich zwei besonders kräftige Bullen zusammen wie Toreros bei der Corrida und gingen gemeinsam auf ihren alten Boß los, mit dem Ziel, ihn regelrecht abzustechen.

Der Anführer kann sein Leben nur durch Feigheit retten, also durch die Flucht, und wird dann zu einem bösartigen Einzelgänger. Die meisten Bullen sind aber sehr mutig. Sie stellen sich zum Kampf und wählen damit den Tod.

Wildlebende Stiere fechten also auch untereinander reguläre Stierkämpfe aus.

51. Revolution gegen den König

Ruhelos streifte der Rothirsch Hannibal durch die herbstlichen Wälder der Eifel. Er war auf der Suche nach einem Harem. In einer Schonung hielt er inne und röhrte aus tiefstem Magengrunde. Dann stelzte er ein paar Schritte durch dichtes Buschwerk und stand plötzlich vor Alexander, einem kapitalen 22-Ender mit 340 Kilogramm kampfstarker Körpermasse.

Allein schon vor dem Anblick des riesigen Geweihs bekam Jung-Hannibal einen Schreck, drehte sich zur Seite und floh ein paar Sprünge, als er auf einen Haufen abgeschlagener, trockener Jungtannen traf, die gewisse Ähnlichkeit mit Hirschgeweihen hatten. Mit voller Wucht stieß Hannibal seine Stangen hinein, schob den Haufen vor sich her und fetzte ihn im Kreise. »Abreagieren von Minderwertigkeitskomplexen am Ersatz-Prügelknaben« nennt man so etwas auch bei Tieren.

Mit einemmal merkte er, daß ihm Alexander gefolgt war. Hannibal riß seinen Kopf hoch. Aber drei kleine Tannen blieben in seinem Geweih hängen, so daß er plötzlich aussah wie Lügenbaron Münchhausens Hirsch, dem ein Kirschbaum auf dem Kopfe wuchs. Nun war es der große Alexander, der vor diesem Supergeweih erschreckt zusammenzuckte und in schnellen Sprüngen vor demjenigen floh, den er kurz zuvor in die Flucht geschlagen hatte. Ein »Hauptmann von Köpenick« im Reich der Tiere!

Ist das Geweih der Rothirsche also eine Art Rangabzeichen wie die Schulterstücke beim Militär, denen ohne Ansehen der Person Ehrerbietung gezollt werden muß? Bislang vertraten Fachleute diese Ansicht. Aber sie ist nur bei ganz flüchtigen Begegnungen einander fremder Tiere zutreffend. Neueste Experimente mehrerer Verhaltensforscher zeichnen für den Alltag dieser Tiere ein ganz anderes Bild:

In einem aus zwölf Hirschen bestehenden Junggesellen-Rudel montierte Dr. Espmark einem Kümmerer aus dem »niederen Volk« ein majestätisches Geweih aus seiner Trophäensammlung an die mickerigen Stangen, so daß dieser nun der Schönste im ganzen Lande war. Aber offenbar kannten die Rudelgenossen ihren Pappenheimer trotzdem ganz genau, und so imponierte ihnen die Maskerade überhaupt nicht.

Danach sägte der Forscher dem Anführer des Rudels, dem sogenannten König, sämtliche Sprossen vom Geweih. Würde der König nach dem Verlust dieser Sprossen, die das Herz des Jägers höher schlagen lassen, von seinen Untergebenen degradiert werden? Nichts dergleichen. Er blieb in Amt und Würden. Sogar als ihm diese traurigen Geweihreste noch weiter bis auf 40 Zentimeter kurze Stummel gestutzt wurden, regierte der König weiterhin unangefochten – auch über den Rangzweiten, einen starken 16-Ender. Erst als ihm das gesamte Geweih amputiert worden war, rebellierten die Genossen und degradierten ihn zum Schlußlicht ihrer Gesellschaft. Wichtig für das Ansehen, das ein Hirsch unter seinesgleichen genießt, ist also nur, daß er ein Geweih hat, ganz gleich wie stolz oder jämmerlich es auf uns Menschen wirkt. Nur der Totalverlust beider Stangen hat vernichtende Folgen für die soziale Position.

Barbarische Versuche dies? In freier Wildbahn vollzieht Mutter Natur ungefähr dasselbe jedes Jahr von neuem. Im März nämlich, wenn die Hirsche ihre Geweihstangen abwerfen. Die Natur hat es so eingerichtet, daß die Stärksten ihr Geweih als erste abwerfen. Die niederen Ränge folgen erst im Abstand von mehreren Tagen.

Für den Rudelführer kündigt sich das Frühjahr also mit einem wahrhaft erschütternden Erlebnis an: Seine Krone, das Geweih, wackelt und damit auch seine Herrscherwürde. Zuerst knackte es nur bei Rex, dem Anführer eines achtköpfigen Rudels männlicher Hirsche, einem stolzen 18-Ender. Sogleich wurde er übervorsichtig und »nett« zu seinen Untergebenen. Ein Stoß mit der lockeren Stirnwaffe, um einen anderen zu strafen, und seine ganze Pracht wäre sofort abgebrochen.

Doch drei Tage später bekam Rex einen furchtbaren Schreck. Gerade als er über einen Graben springen wollte, flogen ihm beide Geweihstangen vom Kopf. Unter Gleichgewichtsstörungen torkelte er umher und versuchte, sich vor den anderen Hirschen hinter Büschen zu verstecken.

Die bislang von Rex beherrschten Rudelmitglieder bekamen das Ereignis aber trotzdem schnell spitz. Und schon brach die Revolution gegen den König, der seine Krone verloren hatte, los.

Zuerst bekämpften sie die abgefallenen Stangen mit ihrem Geweih und traten das einstige Symbol der Macht mit ihren Vorderläufen. Dann rückten sie in geschlossener Front gegen ihren kahlgewordenen König vor. Der versuchte zu drohen. Mit dem Geweih ging es nicht mehr. So fletschte und knirschte er mit den Zähnen und rollte mit den Augen, daß das Weiße hervortrat.

Das ist dieselbe Drohgebärde, mit der sich entwicklungsgeschichtlich primitive Hirsche wie das Moschustier oder das Wasserreh, die kein Geweih tragen und die sich daher mit den Zähnen bekämpfen, einzuschüchtern versuchen. Es ist interessant, daß unsere Rothirsche, sobald sie ihre Stangen abgeworfen haben, in diese alten Sitten ihrer Ur-Vorfahren zurückfallen.

Auf einen stolzen Geweihträger verfehlt dies jedoch jegliche Wirkung. So hetzten sie alle, die sie noch im Vollbesitz ihrer Stirnwaffen waren, den Entwaffneten kilometerweit und zwei volle Tage lang durch die Wälder, bis alle total erschöpft waren. Aber auch noch in den nächsten Tagen kann der einstige König sicher sein, daß sein »niederes Volk« diese Situation weidlich ausnutzen und ihn nach Strich und Faden schikanieren wird. Eine proletarische Revolution unter dem Tieradel unserer Wälder!

Zwei Tage darauf fielen die Geweihstangen des Rangzweiten. Sofort richtete sich der Aufruhr des »Pöbels« gegen den, der gerade erst 48 Stunden lang ihr neuer König gewesen war. Nun sank dieser im Rang an die unterste Stelle, also noch tiefer als der einstige König. Und so ging das, wie Dr. Wilfried Bützler von der Universität Göttingen erforscht hat, der Reihe nach weiter, bis auch der kümmerlichste Geweihträger des Rudels für wenige Stunden »König« sein konnte, um gleich darauf wieder, wenn auch seine Geweihpracht dahin ist, zum Schlußlicht der Gesellschaft entthront zu werden.

Alljährlich erlebt jedes Hirschrudel also ein völliges Umkrempeln der gesamten Rangordnung – eine wohl einzigartige Erscheinung im ganzen Tierreich.

Im Sommer, wenn die Stirnwaffen wieder neu gewachsen sind, trägt der König eines Rudels das größte Geweih. Der Rangzweite folgt mit viel kleineren Stangen und befindet sich oft schon auf etwa gleichem Niveau wie alle übrigen Hirsche. Wilfried Bützler hat es genau nachgemessen: Vom König abgesehen, ist ein Zusammenhang zwischen Ranghöhe und Geweihgröße in keinem Fall vorhanden. Der Rangfünfte kann zum Beispiel durchaus etwas größere Stirnwaffen tragen als der Rangdritte.

Alte Vorstellungen wirft auch das Schicksal von Rex, einem außergewöhnlich kapitalen Hirsch, über den Haufen. Im März, als er seine Stangen abgeworfen hatte, wurde er eingefangen und zum Gatter-Rudel des Sauparks Springe gesetzt. Doch zur Enttäuschung des Publikums wuchs ihm nur ein so mickriges Geweih, daß er wohl von jedem Jäger als »schlechter Vererber« ausgemerzt worden wäre. Aber ein Jahr später sproß Rex ein wahres Supergeweih.

Wie ist so ein Versagerjahr bei einem Tier mit hervorragender Erbeigenschaft überhaupt möglich? Im ersten März, als Rex als geweihloser Fremdling zum Gatter-Rudel kam, wurde er in eine lange Serie von Kämpfen verwickelt. Stirnwaffenlose Hirsche kämpfen, indem sie sich hoch auf die Hinterbeine erheben und sich wie Boxer mit den Vorderläufen betrommeln.

Vor der Übermacht der Alteingesessenen mußte Rex kapitulieren, wurde von diesen als einer der Rangniedersten eingestuft, und entsprechend kläglich wuchs auch sein Geweih. Im Laufe des folgenden Jahres hatte er sich aber langsam nach oben bis zum Leithirsch durchgeboxt und dokumentierte die erkämpfte Stellung durch die imponierende Größe seines nächsten Geweihes.

Also bestimmt nicht die Geweihgröße die Ranghöhe im Rudel, sondern umgekehrt: Demjenigen, der König ist, wachsen die mächtigsten Stangen.

Völlig wertlos als Rangabzeichen ist das Geweih auf dem Brunftplatz. Anfang September erwacht bei den männlichen Hirschen der Sexualtrieb, und damit steigert sich ihre gegenseitige Aggression enorm. Das Rudel bricht im Streit auseinander, und jeder Hirsch zieht allein auf angestammten Wegen bis zu 40 Kilometer weit zu den Weibchen, für die er elf Monate lang keinerlei Interesse gezeigt hatte.

Bevor es hier zu den urgewaltigen Brunftkämpfen kommt, veranstalten die Rivalen ein mitunter stundenlanges Einleitungszeremoniell mit heiseren Kampfschreien, Bodenaufwühlen, Ejakulation ins Leere und gespreiztem Parademarsch. Hierbei versuchen beide, die Kampfkraft und Kampfmoral des Gegners zu testen, und zwar nicht an der Geweihgröße, sondern am Umriß des Vorderkörpers und der Halsmähne sowie an der Stärke aggressiven Ausdrucksverhaltens.

Die Tiere schauen sich also sehr wohl den Wert der »Persönlichkeit« an, die unter dem Geweih steckt. Ist zum Beispiel ein kleinerer bereits Platzhirsch, nimmt er den Kampf auch mit einem deutlich stärkeren Rivalen, der erst später am Brunftplatz erscheint, meistens auf, da er ja sehr viel zu verlieren hat.

Merkwürdig ist, daß die Könige der Hirschrudel nur selten oder nie auch Platzhirsche und vorübergehende Besitzer eines Harems werden. Dieses Recht erobern sich meist jene zehn- bis vierzehnjährigen Grandseigneurs, die in der Blüte ihres Lebens stehen und das übrige Jahr nicht in einem Rudel verbringen, sondern als respektable Einzelgänger.

52. Die Räuberbande Ihrer Majestät

Eine Quizfrage: Gibt es in Europa wildlebende Affenhorden? Die Antwort ist ein eindeutiges Ja. Denn die Berberaffen auf dem Felsen von Gibraltar sind keine Freizootiere, sondern wilder, als so manchem Einwohner und Touristen lieb ist.

Das zeigt die Geschichte von Horatio, dem Boß der 24köpfigen A-Horde, die in den Bäumen am Westhang des Herkulesfelsens lebt.

Horatio entstammte eigentlich der B-Horde im militärischen

Sperrgebiet der Gipfelregion. Drei Jahre zuvor war er mit vier anderen kampfkräftigen Jungmännchen, seinen Freunden, heruntergekommen und hatte einen mehrtägigen Krieg gegen den damaligen Boß der A-Horde geführt, den die Gibraltaner wegen seiner Weisheit Salomo getauft hatten.

Aber gegen diese Übermacht nützte dem 17jährigen Greis kein Trick mehr. Er wurde in die Einsamkeit gejagt. Horatio übernahm die Regierung der A-Horde. Seine erste Maßnahme: Er trieb seine vier Freunde und Kampfgenossen, denen er den Sieg zu verdanken hatte, wieder zurück zur B-Horde auf dem Gipfel. Das ist der »Dank des Vaterlandes« im Staat der Affen.

Bald darauf sah der Sommeralltag dieser Tiere, die man auch »Magots« nennt, folgendermaßen aus: Geschlafen wird in luftigen Ruhebäumen in schwer zugänglichen Steilhängen, und zwar beneidenswert lange. Warum auch soll man es mit dem Aufstehen eilig haben? Es genügt, wenn die Berberaffen auf dem von ihren Vorfahren ausgetretenen Trampelpfad gegen zehn Uhr, wenn die Touristen in den Hotels gefrühstückt haben, zur Ausbeutung der Besucher an der Autostraße eintreffen.

Hier steht auf einem Warnschild, frei übersetzt, daß Touristen die Wünsche der Affen zu erfüllen haben, andernfalls sie gebissen werden.

Es macht den Tieren nämlich zuviel Spaß, den Menschen nicht nur Leckerbissen aus der Hand zu reißen, sondern auch Handtaschen, Fotoapparate und Filmkameras, hernach mit den Kostbarkeiten auf einen Felsen zu klettern und sie möglichst geräuschvoll hinunterzuwerfen.

Horatio weiß schon, was sich täglich mindestens einmal ereignen wird: Ein junger Affenfrechdachs reißt an einem Fotoapparat. Aber der Tourist hält das Wertobjekt fest. Dann schreit der Affe, immer noch tauziehend, wie am Spieß: »Kommt mir alle schnell zu Hilfe!«

Nun schauen die Hordenmitglieder erst Horatio an. Gibt er das Zeichen zum Angriff, springt sofort die ganze Bande in echter Mafiamanier von allen Seiten auf den Touristen zu, um ihn zu beißen und zu kratzen, wenn er nicht ganz schnell seine Kamera hergibt.

Ein futter- oder spielzeugspendender Mensch ist in den Augen der Affen nämlich kein Freund, dem man dankbar sein muß, sondern ein blöder Schwächling, der nicht einmal sein Eigentum richtig festhalten kann!

Bleiben die Touristen in der Vor- und Nachsaison einmal aus, überfällt der Trupp unter Horatios strategischer Führung Gärten und Villen am oberen Stadtrand.

Früher, um 1900, als noch etwa 200 Berberaffen in sieben Trupps (statt der heutigen zwei) den Felsen bevölkerten, war das noch viel schlimmer als heute. Sie plünderten Speisekammern und Geschäfte, verwüsteten Gärten und drehten Hühnern die Hälse um. Angeblich haben sie sogar Kinder und Frauen verprügelt.

Ein Oberst des königlichen Ingenieurkorps beschwerte sich in London: »Die Affen stehlen mir das Obst aus dem Garten, graben die Kartoffeln aus, erschrecken meine Kinder, zerfetzen meine Hose und schlafen in meinem Bett!«

Als dann noch ein Affe anläßlich einer Militärparade den federgeschmückten Helm des Gouverneurs stahl und damit auf den Zinnen des Palastes vor versammeltem Publikum seine Exzellenz nachäffte, war das Maß voll. Die Räuberbanden wurden auf die höheren Teile des Felsens verbannt. Außerdem wurden die Affen legale Untertanen ihrer Majestät, der Königin von England.

Von ihrem Wehrsold muß seither ein Feldwebel der Marineartillerie Futter besorgen, um die Tiere von allzu wilden Plünderungen abzuhalten. Aber trotzdem treiben es die Affen derzeit etwa alle 14 Tage so schlimm, daß die überfallenen Menschen die Polizei alarmieren. Diese meldet die Angelegenheit zuständigkeitshalber der Marine weiter. Dann rückt unter dem Kommando von Feldwebel Holmes eine Kompanie zweibeiniger Soldaten aus, um die vierbeinigen »Kameraden« zurückzutreiben.

Das hat, laut königlicher Anweisung, ohne Gebrauch von Feuerwaffen, ja sogar ohne Knüppel zu erfolgen. Nur Händeklatschen und Rufen ist erlaubt.

Das hat nur deshalb Erfolg, weil Feldwebel Holmes, ein hervorragender Tierkenner, etwa jede Woche einmal ein reguläres Drohduell mit Horatio ausficht, und zwar exakt nach den Turnierregeln der Affen:

Weit nach vorn gebeugt und mit seitlich auseinandergehaltenen Armen faucht er das Tier an, das nicht weniger grimmig zurückfletscht und zu Scheinangriffen vorprescht. Holmes darf sich dadurch nicht einschüchtern lassen, sondern muß das Tier langsam zurücktreiben, um klarzustellen, daß die Marine hier noch die Kommandogewalt innehat.

Zum Glück schreibt es die Affenregel vor, daß solche Machtkämpfe allein und ohne Hilfe ausgefochten werden müssen. Kein Soldat darf dem Feldwebel helfen, wie sich auch Horatio nicht helfen läßt. Wichtig ist ferner, daß Holmes seinen Gegner nur so weit einschüchtert, daß dieser vor seinen Hordenmitgliedern nicht das Gesicht verliert. Dann ist Horatio froh, daß er Hordenboß bleiben darf, erkennt aber den Feldwebel als »Oberaffen« voll an.

53. Kamele, die Ritter der Wüste

Es war Ende Januar in der zentralasiatischen Wüste Gobi. Das Thermometer zeigte minus 40 Grad. Der Sturm peitschte den Schnee so lange über schier endlose Fels- und Geröll-Landschaften, daß er verdunstet war, bevor er liegenbleiben konnte.

Und doch – in einer Höhle nahe dem Gipfel eines Berges regte sich Leben. Eine Herde von sechs Wildkamel-Hengsten hatte hier Schutz gesucht. Normalerweise bilden diese »Trampeltiere« mit den zwei großen Höckern eine friedliche Gemeinschaft. Aber in den letzten Tagen flackerte zwischen ihnen fortwährend Streit auf. Die Brunstzeit nahte.

Kaum daß sich der Orkan ausgetobt hatte und eine »mollige Wärme« von nur noch minus 18 Grad herrschte, zerstreuten sich die Hengste in alle Winde, um nach einer Kamelstuten-Herde zu suchen. Nur Dschingis, ein gerade erwachsenes Männchen, folgte seinem Vater Tamerlan, um von ihm die geheimen Versammlungsplätze der Stuten zu erfahren. In strapaziösen Gewaltmärschen und Gebirgstouren legten beide täglich an die neunzig Kilometer zurück, fünf Tage lang. Dann erblickte Tamerlan, was er wohl befürchtet hatte: Ein fremder Hengst bemühte sich bereits, hochbeinig stolzierend, um eine Herde von zwölf Stuten.

Ohne zu zögern sprintete Tamerlan los, um seinen Rivalen in vollem Galopp zu rammen und umzuwerfen. Der Kampf der Kamele ist kein sportlich faires Kräftemessen wie das Geweihduell unserer Hirsche, sondern eine Mischung aus Karate und Ringkampf, mit dem Ziel, den Gegner umzubringen.

Als sein erster Ansturm ins Leere gestoßen war, versuchte der Angreifer wie ein Tiger seinen Feind anzuspringen. Aber jedesmal wich dieser geschickt aus und ging zum Gegenstoß über.

Schließlich standen sich beide gegenüber: schnaufend, speichelnd und aus tiefster Kehle kollernd. Beide knirschten mit den Zähnen, daß es einem eiskalt den Rücken herunterlief. Dann stieß jeder mit seinem Kopf zu und biß sich im vorderen Unterschenkel seines Gegners fest. So zerrten sie sich zu Boden. Dabei versuchte jeder, mit dem freien Vorderbein den Kopf des Feindes in den »Schwitzkasten« zu nehmen und dann seinen Leib so über den Kopf zu wälzen, daß der Gegner erstickte.

Gar nicht so selten gelingt es keinem von beiden, seinen Kopf aus dem »Schwitzkasten« herauszuziehen. Dann töten sich beide, unauflösbar ineinander verschlungen, gegenseitig.

Der Kampf der Kamelhengste ist einer der barbarischsten, die wir im Tierreich kennen. In seiner Art erinnert er an die Unerbittlichkeit der Räubernomaden, die der schwedische Asienforscher Sven Hedin in der Wüste Gobi erlebt hatte. Eine grausame Landschaft formt auch den Charakter der Tiere.

Gegenwärtig existieren nicht mehr als 900 Wildkamele in freier Wildbahn. Vom Dromedar, dem in Persien, Arabien und Nordafrika lebenden einhöckrigen Verwandten, gibt es überhaupt keine freien Tiere mehr. Daß es immer weniger wildlebende Trampeltiere werden, liegt nicht an den brutalen Zweikämpfen der Hengste. Solange noch einer da ist, um sich mit zwanzig Kamelstuten zu paaren, ist ja für Nachwuchs gesorgt. Schuld ist etwas anderes, wie die weitere Geschichte von Tamerlans Sohn Dschingis zeigt:

Nach dem Sieg Tamerlans war Dschingis viel zu schlau, sich mit seinem Vater des Stutenharems wegen anzulegen. Er trennte sich von ihm und suchte, abermals in tagelangem Gewaltmarsch durch das Wüstengebirge, ein Zeltlager mongolischer Nomaden.

Als er es gefunden hatte, wartete er wie ein echter Räuber in einem Versteck die Nacht ab und brach dann in der Dunkelheit, jede Gefahr außer acht lassend, in den Pferch der Hauskamele ein. Den zahmen Hengst rammte er mit voller Wucht durch den Zaun und paarte sich dann mit mehreren Stuten. Das konnte im Lager der Mongolen nicht unbemerkt bleiben.

Im Schein der Fackeln stürzten die Nomaden aus ihren Zelten, den sogenannten Jurten, prügelten mit Knüppeln auf Dschingis ein, zogen ihn am Schwanz ... es nützte alles nichts. Er suchte erst dann das Weite, als er mehrere Paarungen vollzogen hatte.

Noch seltsamere Dinge geschahen in den Jahren danach. Mehrere zahme Kamelstuten der Nomaden lehnten es nunmehr ab, den zahmen Hengst zur Paarung an sich heranzulassen. Eines Nachts waren sie dann verschwunden. Doch die Mongolen gaben sich gar keine Mühe, nach den Ausbrechern zu suchen.

Sie wußten aus Erfahrung genau, daß die Stuten nach Dschingis Sehnsucht hatten und daß sie nach ihrem Abenteuer wiederkommen würden. Der Nachteil ist nur: Das Fohlen eines wilden Kamelhengstes findet nie Zutrauen zum Menschen. Trotz liebevoller Pflege bleibt es wie sein Vater wild, kämpferisch, draufgängerisch, schreckhaft und unberechenbar.

54. Der Löwe ist des Löwen Feind

Über Nacht war das Schlaraffenland über das Löwenrudel gekommen. Monatelang hatte sich auf der weiten Serengeti-Steppe kaum jagdbares Wild blicken lassen. Aber plötzlich waren sie da: Tausende von Gnus, Zebras, Antilopen – so weit das Auge reichte.

Doch mit dem Fleischreichtum trat gleichzeitig eine tödliche Gefahr auf den Plan: Streunende Banden von Löwen-Junggesellen versuchten in Kämpfen auf Tod und Leben die alteingesessenen Familienrudel für sich zu erobern. Zwei Jahre lang waren diese ehedem Halbstarken umhergezogen. Nun aber fühlten sie sich vollstark und fähig, ein Rudel zu übernehmen.

In dieser Situation glückte dem jungen Löwen Romulus der erste Beutefang seines Lebens. Er war knapp zwei Jahre alt und hatte bei seiner Mutter im ortsansässigen Rudel einen ausgezeichneten Jagdunterricht erhalten. Als er noch ganz klein war, kannte er nur ein Opfer: die Schwanzquaste der Mutter. Dann übte er sich im Fangen von Heuschrecken, Schmetterlingen und Eidechsen und probte den Überfall auf Geschwister oder den meist schläfrigen Vater.

Erst im Alter von eineinhalb Jahren war Romulus reif für die hohe Schule der richtigen Jagd auf Großwild. Nun taten sich zwei oder drei Mütter mit ihren etwa gleichaltrigen Kindern zusammen und hielten Ausschau nach Beute. Sobald die Mütter mit dem Anpirschen begannen, bemühten sich die Jungen eifrig, jede Bewegung nachzumachen. So lernten sie schnell, wie in einer auseinandergezogenen Schützenkette vorzugehen ist. Jeder mußte sich nun so vorarbeiten, daß er von dem angepirschten Wild nicht gesehen, gehört oder gewittert wurde. Das konnte Stunden voll äußerster Anspannung dauern. Und dann war schließlich doch alles für die Katz. Denn irgendein Junglöwe verpatzte immer dicht vor dem Ziel alles.

Hinter der davonstiebenden Beute erhoben sich die Mütter, schüttelten kurz ihre Enttäuschung ab und suchten, ohne den Schuldigen zu bestrafen, ja, sogar ohne jedes Zeichen von Unwillen, voll unendlicher Geduld ein neues Ziel. So hatte Romulus allmählich gelernt, wie man sich in der Steppe seinen Lebensunterhalt verdient.

Vor drei Wochen hatten die Mütter dann gemeint, von nun an müßten ihre Kinder selbständig werden, und zogen ihre Hilfe bei der Jagd zurück. Obwohl Romulus nun eine verschworene Gemeinschaft mit seinem Bruder Remus und seinen gleichaltrigen Freunden Cäsar und Androclus bildete, wollte dieser Halbstarkenbande nichts gelingen. Und so endeten alle ihre Jagdabenteuer doch wieder am Wildbret, das die Mutter inzwischen erlegt hatte.

Aber an jenem Tage, an dem plötzlich die ganze Steppe ringsum voller Huftierherden stand, war es für die Romulus-Bande ein leichtes, sich eine kranke Antilope herauszusuchen und zu erbeuten.

Des Nachts aber erbebte jetzt die Luft vom Gebrüll der Löwen. Ihre Familie wurde nur noch von zwei Vätern beschützt. Der dritte war vor einigen Wochen am Biß einer Puffotter gestorben. Und nun bemächtigte sich der beiden sonst so faulen »Männer«, die sich von ihren Weibchen verpflegen ließen, Angst und Unruhe.

Rastlos patrouillierten sie ihren Herrschaftsbereich ab und brüllten in die Nacht hinaus, um die Bande der mit den Huftierherden angekommenen und nun lüstern umherstreunenden vollstark gewordenen Junggesellen schon von weitem einzuschüchtern.

Oft lieferten sich die feindlichen Parteien stundenlange Brüll-Duelle. Beide Gruppen standen sich mit dreißig Meter Abstand gegenüber und testeten ihre Kampfkraft an der Stärke der Stimmen. Rechneten sich die Eroberer keine Chancen aus, möglichst ohne einen Verlust das Familienrevier erkämpfen zu können, zogen sie weiter zum Nachbargebiet. Drei Eroberer gegen zwei Stammväter war meist schon riskant. Aber mitunter standen auch vier gegen zwei. Und dann ging es los.

Solche Kämpfe unter männlichen Löwen werden mit mörderischer Härte geführt. Da die Löwinnen ihren alten »Männern« nicht helfen, endet die Schlacht fast durchweg mit der Vertreibung oder gar mit dem Tod der alteingesessenen Familienherrscher. Entweder siegen sie gemeinsam, oder sie gehen gemeinsam unter. Vertriebene alte »Herren« dürfen sich übrigens nicht mehr inmitten des Löwengebietes blicken lassen. Als Einzelgänger werden sie in die Randgebiete abgedrängt, wo entweder die Nahrung dürftig oder die Gefahr groß ist, zum Beispiel in der Nähe menschlicher Siedlungen.

Diese alten, ausgedienten Löwen sind es, die hin und wieder zu den berüchtigten Menschenfressern werden.

Die Eroberer verschonen selbstverständlich die Weibchen eines

Löwenrudels. Sie sind ja der Hauptgrund ihrer Eroberung. Keinen Pardon dürfen sich hingegen die Jugendlichen und Halbstarken erhoffen.

Romulus und seine drei Kumpanen schienen das zu ahnen. Als die nächtliche Brüllerei in nächster Nähe immer beängstigender wurde und auf einen baldigen Kampf schließen ließ, den ihre Väter wahrscheinlich verlieren würden, warteten sie die Entscheidung gar nicht erst ab, sondern zogen wie die vier Musketiere aus. Sie schlossen sich den großen Huftierherden an, die bald darauf weiterzogen.

Zwei Jahre lang lernten sie hier als reisende Schüler in verschworener Gemeinschaft weitere Kapitel in der Kunst des Überlebens, bis sie selber daran denken konnten, eine Familie mit dem dazugehörigen Lebensraum für sich zu erobern.

55. Mütterunion gegen Kindermord

Infernalisches Kreischen der Hulman-Krieger kündete vom unmittelbaren Ausbruch einer Schlacht zwischen zwei Affenhorden. Bandang, der Häuptling einer sieben Männchen starken Junggesellentruppe, griff einen Harem von 16 Weibchen an, der von dem alten Wischnu und seinem Stellvertreter Singh angeführt wurde.

Trotz des Zahlenverhältnisses 7 zu 18 lag die Übermacht klar auf der Seite der Angreifer, denn Affenweibchen überlassen das Kämpfen allein den »Männern«, obgleich sie später unter den

Folgen einer Niederlage sehr zu leiden haben. Aber Wischnu, der erfahrene Haudegen, kannte auch seine Vorteile.

Wollten die Feinde ihn mit taktischem Geschick einkreisen oder einen Keil zwischen ihn und seinen Harem treiben, führte er einen ungestümen Gegenangriff nur gegen Bandangs Mitstreiter, nie gegen diesen selbst. Er wußte, daß Mitläufer nur mit halbem Herzen bei der Sache sind und sofort fliehen, wenn es brenzlig wird. Im Grunde war es nur ein Kampf zwischen zwei Hulmans.

So wogte der taktische Stellungskrieg im nordischen Regenwald zwei Stunden und zehn Minuten lang hin und her, mit Scheinangriffen, »Schachzügen«, Imponierduellen, die an einen Kriegstanz der Naturvölker erinnerten, viel Bluff, Hin-und-her-Hetzen und barbarischem Geschrei. Aber, und das ist das Bemerkenswerte, ohne einen einzigen Biß, ja, sogar ohne jede Prügelei.

Es ist ganz erstaunlich, wie realistisch diese Tiere aus ihren eigenen Kräften und der Einsatzfähigkeit des Gegners ihr Risiko und ihre Chancen genau berechnen können und nichts Ernsthaftes unternehmen, wenn es vielleicht schiefgehen könnte. Eine Eigenschaft, die dem Menschen fehlt. Dieses Manko aber ist die Voraussetzung zur allein vom Menschen praktizierten Form des Krieges.

Schließlich, als der alte Wischnu völlig erschöpft war, sah er ein, daß ein Beißkampf mit Bandang für ihn nur tödlich verlaufen konnte. So floh er in den Wald, wo er sein Leben als Einsiedler beendete.

Bandang riß sofort die Herrschaft über den Harem an sich. Singh, Wischnus Stellverteter, übernahm er gleich mit, weil er so schön vor ihm katzbuckeln konnte. Und was wurde aus Bandangs Kampfgenossen aus der Junggesellenhorde, die ihm tatkräftig zum Sieg verholfen hatten? Sie hatten ihre Schuldigkeit getan. Von nun an wären sie ihm in Haremsnähe nur lästig oder gefährlich. Also verjagte er sie. Undankbarkeit ist der Lohn der Affenkönige.

Kurz danach geschah etwas Entsetzliches. Der neue Pascha biß innerhalb weniger Tage alle sechs Kinder tot, die seine soeben erkämpften Weibchen bei sich hatten!

Es spielten sich Szenen ab, die an eine animalische Variante des Kindermordes von Bethlehem erinnerten. Die Hulman-Mütter versuchten verzweifelt, ihre Kinder zu verstecken oder zu verteidigen. Es war alles vergebens. Bandang lauerte den Kindern im Hinterhalt auf und erwischte sie der Reihe nach alle.

Fast jeder Hulman-Pascha, der gerade einen neuen Harem übernommen hat, wird so lange zum Kindesmörder, bis die Weibchen Babys zur Welt bringen, die von ihm stammen.

Nun kennen die Affenmütter aber auch einige Tricks, mit denen sie ihre Kinder vor dem neuen Haremsherrn retten können.

Einmal hatte ein Weibchen mitansehen müssen, wie in seiner Horde bereits fünf Kinder getötet worden waren. Da nahm sie ihr Baby und wanderte aus. Ein fremder Hulman-Harem nahm die beiden nicht auf, und so lebten sie allein im Wald. – Sie wurden allerdings, grausames Emigrantenschicksal, bald darauf von einem Leoparden gefressen.

Der zweite Trick heißt: Ablenkung durch Sex-Appeal. Als der neue Machthaber einer anderen Horde auf das erst zweiwöchige Baby eines Weibchens losraste, versuchte die Mutter gar nicht erst, ihr Kind zu verteidigen. Es wäre doch vergebens gewesen. Statt dessen tat sie plötzlich so, als sei sie im höchsten Grade brünstig, obwohl dies gar nicht der Fall war. Sie bezirzte ihn mit stark überbetonten sexuellen Reizen wie ein routiniertes Striptease-Girl. Nach dem dritten Angriff und der dritten Paarung ließ der Pascha das Kind unangetastet.

Ananda, ein fünfmonatiges kleines Hulman-Mädchen, hatte dies beobachtet. Als es bald darauf angegriffen wurde, spielte es die sexuell begehrenswerte »Dame« vollendet, obwohl es noch viel zu jung für die Liebe war. Durch Prostitution rettete es sein Leben.

Der dritte Trick besteht in vorzeitiger Entwöhnung, denn alle Jungtiere, die nicht mehr an Mutters »Rockzipfel« hängen, gelten als selbständige Hordenmitglieder und werden vom Affen-Herodes verschont.

Die Hulman-Mutter Aruna wußte das, denn sie stillte ihr sechsmonatiges Söhnchen sofort ab und jagte es davon, wenn es bei ihr Schutz suchte. Da ein Hulman-Kind normalerweise erst mit 14 Monaten entwöhnt wird, führte das zu verzweiflungsvollen Szenen zwischen Mutter und Kind. Aber dadurch, daß Aruna ihren Sohn verleugnete, rettete sie ihm das Leben.

Der vierte Trick ist der schönste. Leider klappt er aber nur selten, und zwar nur dann, wenn es einem Pascha gelungen ist, noch einen zweiten Harem für sich zu erobern. Beide »Damengesellschaften« zu vereinigen, scheitert gewöhnlich am heftigen Widerstand der Weibchen, die jeweils ihre »Kolleginnen« der anderen Gruppe nicht leiden können.

So bleibt dem Pascha nichts anderes übrig, als ständig von einem zum anderen Harem hin und her zu pendeln. Sobald er eine Gruppe verläßt, kommt der alte Pascha aus dem Busch und mischt sich unter seine ehemaligen Weibchen.

Infolge der »Arbeitsüberlastung« des Oberchefs konnten die Weibchen eine wirksame Kinderrettungsmethode ersinnen. Sie schlossen sich zu einem Schutzbündnis zusammen. Als der neue Boß wiederkam und ein Baby angreifen wollte, wurde er von allen Weibchen, auch den kinderlosen, in Gemeinschaftsaktion so fürchterlich verdroschen, daß er sich in diesem »Frauenrechtlerinnen-Verein« nie wieder blicken ließ.

56. Ein Friedensengel im Hyänenkrieg

Aus siebzig fanatischen Kehlen schallte schauriges Heulen und höllisches Gelächter in die Finsternis der afrikanischen Nacht: Das Schlachtgeschrei zweier Hyänenrudel, die sich in militärischer Front auf Tod und Leben bekämpften.

Als der Morgen dämmerte, lagen zwölf zerfetzte Leichen auf dem Schlachtfeld, an denen sich nun Löwen, Schakale und Geier gütlich taten.

Es gibt nur wenige Tierarten, die wie die Menschen in der Nähe ihrer Staatsgrenzen reguläre Vernichtungs- und Eroberungskriege führen. Zu ihnen gehören die Tüpfelhyänen.

Es gibt aber, ähnlich wie auch beim Menschen, unter diesen Tieren Pazifisten, die versuchen, zwischen den Fronten Frieden zu stiften. Ein starkes, ranghohes Hyänenmännchen namens Quiz war solch ein Friedensengel. Und das ist seine Geschichte:

Den ganzen Tag über hatte Quiz allein in seinem »privaten« Erdloch geschlafen. Bei einbrechender Nacht kam er hervor und trabte zu einer Felsengruppe, die gespenstisch aus der Serengetisteppe ragte: dem Treffpunkt der Nachtjäger. An die zwanzig Hyänen versammelten sich hier allabendlich unter schier endlosen Begrüßungszeremonien: sich angrinsen, verbeugen, mit dem Schwanz wedeln und den anderen belecken.

Wozu diese uns übertrieben erscheinende Höflichkeit? Von Natur aus ist jede Hyäne der anderen Feind. Diesen Haß müssen die Tiere vor jeder gemeinsamen militärischen Aktion erst mit vielen Beschwichtigungsgebärden besänftigen. Sie müssen sich gleichsam erst fünfzigmal sagen: »Gut Freund!«, ehe sie es wirklich glauben.

Endlich trabte das Rudel durch die mondhelle Nacht über die Steppe davon. Nach vier Kilometern trafen sie auf eine Zebraherde. Die Hyänen formierten sich im Halbkreis und rückten zähnefletschend vor.

Doch der Zebrahengst preschte zur Gegenaktion vor, schlug mit den Hufen nach den Räubern, schnappte und biß um sich, während seine Stuten und Fohlen im engen Verband die Flucht ergriffen. Die Hyänen mußten vorsichtig sein. Sie wollten ja keine Verletzung riskieren, denn die bedeutet in freier Wildbahn meist den Tod.

So zog sich die Verfolgung über eine Stunde lang hin. Im Eifer des Gefechts überschritten die Nachtjäger die Grenze zum »Staatsgebiet« des benachbarten Hyänenclans, ihrer Erbfeinde. Erst hier, im »Ausland«, gelang es ihnen, eine Zebrastute zu reißen.

Kaum wollten die Tiere mit dem Mahl beginnen, da erscholl das Geheul und Gekicher des Nachbarclans, und fünfzehn zum

Äußersten entschlossene Krieger rückten in breiter Schlachtreihe gegen sie vor.

Doch in diesem Augenblick sprangen vier Löwen brüllend hinzu, fegten die Hyänen auseinander und begannen, das Zebra aufzufressen. Beide Clans formierten sofort wieder Schlachtreihen, wagten aber aus Angst vor den zwischen den Fronten fressenden Löwen nicht, sich anzugreifen. In dieser Situation schlug Quiz' Stunde.

Er war ohnehin nicht das, was man unter Menschen einen Nationalisten nennen würde. Schon seit mehreren Monaten war er tagsüber ganz allein ins Gebiet der feindlichen Nachbarn getrottet, hatte freundschaftliche Beziehungen zu einzelnen Weibchen aufgenommen, und es war ihm sogar gelungen, diese für sich als Freundinnen zu gewinnen.

Da Hyänenrudel von Weibchen beherrscht werden, ist solch eine Anbahnung männlicher Beziehungen über die Grenzen hinweg unter diesen Tieren eine vielpraktizierte Erscheinung.

Dennoch ist sie nicht ganz ungefährlich. Wie die englische Forscherin Dr. Jane Goodall beobachtet hat, geschieht oft folgendes: Ein Clan jagt dem anderen ein Beutetier ab. Aber ein »Freund« glaubt, auch jetzt noch unter Freunden zu sein und bleibt. Dann aber fallen jene, die ihn noch nicht so gut kennen, über ihn her und töten ihn.

Unter höchster Lebensgefahr tat Quiz nun etwas Erstaunliches. Als sich die Löwen wieder entfernt hatten, spazierte er ins Niemandsland zwischen den Fronten. Als er noch zwanzig Meter von den Feinden entfernt war, kam von dort eine Freundin auf ihn zu, und beide liebkosten sich.

Sofort preschten fünf Feindesmännchen zum Angriff gegen ihn vor. Quiz floh in die Reihe der Seinen zurück, wo seine beiden Chefinnen gerade den Gegenangriff einleiten wollten. Er begrüßte sie, leckte ihnen den Kopf ab, wedelte mit dem Schwanz, legte sich vor ihnen nieder und besänftigte sie. Ihre Angriffswut legte sich, und das Rudel trabte davon.

So verhinderte er das unmittelbar bevorstehende fürchterliche Gemetzel.

VIII.

Das Gruselkabinett

57. Ein Krokodil zum Frühstück

Brütend lastet die Sonne auf einem morastigen See in den Tupinambaramo-Sümpfen im Gebiet des Amazonas. Drei Krokodilkaimane liegen auf einer Schlickbank, noch halb vom Wasser umspült. Sie haben das zähnestarrende Maul aufgerissen und versuchen in der Glut, etwas Kühlung zu hecheln.

In ihrer Trägheit bemerken sie gar nicht ein schuhgroßes, dunkelschillerndes Etwas im trüben Wasser. Langsam, leise wie ein treibendes Holzscheit, ohne das Wasser zu kräuseln, kommt dieses kleine Etwas auf sie zu.

Plötzlich schnellt es aus dem Wasser, beißt mit hundert scharfen Zähnen in das krumme Vorderbein eines knapp zwei Meter langen Krokodils. Dieses schleudert sich barbarisch brüllend auf die Seite. Da kommt hinter dem beißenden Etwas ein nicht endenwollender Schlangenleib zu Tage: 8,20 Meter lang, dick und muskulös wie der Oberschenkel eines Schwerathleten und mit einem Gewicht von 200 Kilogramm. Es ist eine Anakonda, die größte Riesenschlange Südamerikas und nächst dem südostasiatischen Netzpython die zweitgrößte Schlange der Welt.

Blitzschnell windet der Preisringer des Reptilienreiches drei hautenge Schlingen um den Leib des Krokodilkaimans. Beide peitschen das Wasser und wälzen sich umher.

Über das, was nun genau geschieht, streiten sich noch die Gelehrten. Früher wurde behauptet, die gewaltige Vier-Zentner-Muskelmasse der Riesenschlange würde sich so stark zusammenziehen, daß der Brustkasten des umschlungenen Opfers zerquetscht und auf diese Weise ein schneller Tod herbeigeführt würde.

Säugetiere wie Wasserschweine und Jaguare, die erwürgt aus den Schlingen einiger Anakondas entnommen wurden, wiesen jedoch zwar Quetschungen auf, nicht aber Rippenbrüche. Daher nahmen Zoologen an, die Schlange würde kaum pressen, aber jedesmal, wenn das Opfer ausatme, ihre Muskelschlingen enger ziehen, eisern festhalten und damit ein erneutes Einatmen unterbinden. Der Tod trete also durch Ersticken ein.

Beim Erlegen eines Kaimans ist diese Methode des Umbringens jedoch gar nicht möglich. Denn der gepanzerte Brustkorb eines Krokodils pulsiert beim Atmen ebensowenig wie der Harnisch eines Ritters. Vielmehr atmet er nach dem Kolbenprinzip eines Automotors. Wenn er die Luft ausstößt, preßt er mit speziellen inneren Muskeln die Leber wie einen Kolben nach vorn gegen die Lunge und drückt sie schwammartig zusammen. Beim Luftholen zieht er die Leber mit dem Ende der Lunge wieder nach hinten, so daß Luft eingesaugt wird.

Folglich kann die Anakonda einem Krokodil gar nicht die Luft aus dem Leib quetschen. Der Kampf zwischen beiden muß sich heute so ähnlich abspielen wie vor 70 Millionen Jahren zur Zeit der monströsen Dinosaurier, als die Riesenschlangen (die damals wahrscheinlich nicht größer waren als heute!) aus vierbeinigen, echsenartigen, sich schlängelnd vorwärtsbewegenden Vorfahren entstanden waren und sich von anderen Reptilien ernährten:

Nachdem sich die Schlange mit dem Maul am Opfer festgebissen hat, fesselt sie ihr Opfer mit drei Umschlingungen und drückt es mit ihrem Gewicht so lange unter Wasser, bis es ertrunken ist. Dieser Todeskampf kann bis zu einer halben Stunde lang dauern.

Das ist der Grund, weshalb die stets an und in Gewässern lebende Anakonda im Gegensatz zu den landbewohnenden Boas und Pythons die einzige Riesenschlange ist, die sich gelegentlich ein geharnischtes Krokodil zum Frühstück erwählt.

Erst wenn die Beute kein Lebenszeichen mehr von sich gibt, lockert die Anakonda ihre Schlingen. Langsam reißt sie ihr Maul auf und stülpt es über den Kopf des Kaimans. Da Unter- und Oberkiefer der Schlange nicht durch unausrenkbare Knochengelenke miteinander verbunden sind, sondern durch dehnbare Sehnen, kann sie Beutetiere verschlingen, die erheblich dicker sind als sie selbst. Eine halbe Stunde später verschwindet bereits der Schwanz der Panzerechse im Schlund.

Nach diesem »Frühstück« ist die Riesenschlange für einige Wochen satt. Schließlich gehört so ein Schuppenpanzer nicht gerade zu den leichtverdaulichen Speisen. Notfalls kann sie auch bis zu acht Monate lang fasten, ehe sie verhungert. Der Riesenportionsverschlinger ist im Grunde genommen ein Nahrungsmittelsparer, weil er als Kaltblüter nicht ständig eine »Körperheizung« betreiben muß wie der Mensch.

Nur in verzweifelter Hungersnot überfällt die Anakonda »sperrige« Beute wie Horn- und Geweihträger oder Menschen.

Kürzlich fanden im südamerikanischen Mato Grosso Jäger an einem Flußufer eine tote Anakonda. Sie hatte versucht, einen Pampashirsch zu verschlingen. Dabei war ihr Leib bereits kurz hinter dem Genick von den beiden ziemlich kümmerlichen

Geweihstangen des jungen Hirsches aufgeschlitzt worden, woraufhin das Beutetier der Anakonda buchstäblich im Maul steckenblieb. Der Tod trat dann durch Ersticken ein. Mit dem Geweih hatte das Opfer noch nach seinem Tode die Riesenschlange umgebracht.

Gefährlich wie das Geweih bei Hirschen ist für die Anakonda beim Menschen die Schulter. Entgegen jeder tierüblichen Stromlinienform bildet sie unterhalb des kleinen Kopfes eine so breite Stufe, daß die Riesenschlange ihr Maul nur mit größter Schwierigkeit darüber hinwegschieben kann.

Menschenkinder bis zum Alter von 13 Jahren sind gelegentlich von dem Tier verschlungen worden. Kürzlich ertränkte eine Anakonda einen erwachsenen Orinoko-Indio. Nach langen vergeblichen Bemühungen, ihn zu verschlingen, spie sie ihn jedoch wieder aus.

58. Der Tanz der Vampire

Die Verhältnisse im Kriegslazarett von Puerto Casado schrien zum Himmel. Schon seit zwei Jahren tobte der Chaco-Krieg zwischen Paraguay und Bolivien. Die meisten Verwundeten mußten unter freiem Himmel liegen, auch während der Regenzeit.

Das schlimmste aber war, daß jeden Morgen die mit dem Tode ringenden Patienten blutverschmiert erwachten. Im Gesicht, hinter den Ohren, am Hals und auch an den Fußzehen rann noch aus kleinen Rissen ein wenig Blut: untrügliche Kennzeichen der nächtlichen Blutmahlzeit der Vampir-Fledermäuse.

Sobald die Finsternis der Nacht angebrochen war, regte es sich in einer nahegelegenen Felsenhöhle. Tausende von Vampiren flatterten taumelnden Fluges, doch völlig lautlos, hervor, geisterten mit ihren »Regenschirmflügeln« durch die Dunkelheit und wußten mit nachtwandlerischer Sicherheit das Lazarett zu finden.

Auch wenn der ruhende Mensch nur einen ganz leichten Schlaf hat, bemerkt er nichts von der Landung auf seinem Körper. Kein Flattergeräusch, keine Berührung und kein Kratzer beim Aufsetzen wird spürbar, auch dann nicht, wenn das nur neun Zentimeter große Fledertier mit seiner Flügelspannweite von 15 Zentimetern nun einen gemächlichen Fußmarsch auf dem Schlafenden antritt, um die günstigste Bißstelle zu finden, und nicht einmal dann, wenn sich noch mehrere Familienangehörige derer von Dracula auf demselben Menschen einfinden, um an der Blutmahlzeit teilzunehmen.

Das Leittier dieser Gespenstergesellschaft geht nun wie ein Chirurg zu Werke. Zunächst befeuchtet es mit seiner Zunge tupfend die Region um die geplante Bohrstelle mit einem Speichel, der die Gerinnung des Blutes verhindert. Befinden sich an diesem Ort Haare, wie es vor allem bei den auch als Opfer in Frage kommenden Hausrindern der Fall ist, so werden diese nunmehr unspürbar »abrasiert«.

Dann ist es soweit. Der Vampir öffnet sein Gebiß. Zum Vorschein kommen zwei wahre Horror-Reißzähne. Aber anders als in den Gruselgeschichten von Dracula oder Nosferatu sind nicht sie es, die nun in das Fleisch geschlagen werden. Dann würden die Opfer ja erwachen und die Vampire vertreiben. Deshalb wird nun mit den rasiermesserscharfen vorderen Schneidezähnen wie mit dem Skalpell nur ganz leicht und absolut schmerzlos geritzt: etwa vier Millimeter lang und fünf Millimeter tief.

Aus dieser Wunde wird das Blut sodann nicht etwa herausgesaugt. Auch das würde ja den Schläfer wecken. Vielmehr wartet der Vampir, bis das Blut herausquillt und leckt es mit der Zunge auf, so lange, bis er sich mit etwa einem halben Likörglas voll jenes besonderen Saftes gesättigt hat.

Dann kommt der nächste Familienangehörige, der bislang geduldig Schlange gestanden hat, an die Reihe. Forscher haben schon mit Infrarotlicht beobachtet, wie bis zu sechs Vampire innerhalb von drei Stunden aus immer der gleichen Wunde einer Kuh Blut geschleckt haben.

Im Kriegslazarett von Puerto Casado begingen die Krankenschwestern einen schlimmen Fehler, obgleich sie es gut meinten. Sie verklebten allmorgendlich die frischen Wunden der Soldaten mit Heftpflaster. Die Folge: Während die Vampire bei den Kühen in der folgenden Nacht wieder dieselbe Wunde aufsuchen und nur den Schorf entfernen, mußten sie bei den Menschen immer neue Stellen aufritzen. So waren schließlich vor allem diejenigen Verwundeten, die am Rand des Lazaretts lagen, mit Pflastern förmlich zugeklebt. Viele starben am starken Blutverlust, viele auch an der Tollwut, die von den Vampiren übertragen wird.

Schließlich wurden die gespenstischen Tiere so dreist, daß sie auch in die Sanitätszelte zu den dort Schlafenden hineinkrabbelten. Von ihrem Eindringen in Häuser ist bis jetzt jedoch noch nichts bekannt. Auch Mosquitonetze über einem Bett sind ein sicherer Schutz.

Unter Kühen, Pferden, Ziegen, Schafen und Schweinen in den lateinamerikanischen Staaten richten die Vampire gegenwärtig verheerende Schäden an. 1978 starben mehr als zwei Millionen Rinder. Bei den Überlebenden werden die finanziellen Verluste durch die verringerte Milch- und Fleischleistung infolge ständigen Blutabzapfens jährlich auf 600 Millionen Mark geschätzt.

An Haustiere gehen die Vampire lieber als an Wildtiere, weil die Domestizierten einen tieferen Schlaf haben. Brown-Swiss-Rinder »lieben« sie mehr als Angehörige der Bahama-Rasse, Kälber mehr als ausgewachsene Tiere, brünstige Kühe mehr als nichtbrünstige, am Rande der Herde schlafende mehr als die in der Mitte liegenden. Überdies treten Vampire entschieden für »Privatbesitz« ein und verteidigen »ihre« Rinderherde gegen fremde Vampire – übrigens nur durch Rempeln, nicht mit tödlichen Bissen.

Kürzlich wurde erforscht, daß diese Nachtgespenster zu den

»flüsternden« Fledermäusen gehören. Sie besitzen ein Echo-Ortungs-System, das so leise ist, daß sie den Erdboden »aus dem Ohr verlieren«, sobald sie höher als sechs Meter fliegen. Aber sie sehen mit ihren Nachtaugen die Silhouetten des Horizonts, der Berge, Bäume, Häuser und Kühe, die sich vom nächtlichen Himmel kaum abheben.

Vampirkinder bekommen von ihrer Mutter die ersten zehn Monate Milch. Dann suchen sie sich schon ihre ersten Blutopfer allein, und zwar schlafende Meerschweinchen.

59. Die Beißbremse der Piranhas

Die Indios im Delta des Rio Orinoco zelebrieren einen der absonderlichsten Totenkulte der Welt. Ein Verstorbener wird weder begraben noch eingeäschert, sondern als blankes Skelett über und über mit Blumen durchflochten und auf einem Platz am Ufer des großen Flusses zur Schau gestellt.

Das Hauptritual ist der Akt des Skelettierens. Die Leiche wird an ein Drahtseil gebunden und unter rhythmischen Gesängen aller Dorfbewohner in den Fluß geworfen.

In den ersten Minuten danach geschieht gar nichts. Aber bald darauf wird der Tote wie von unsichtbaren Kräften hin und her gerissen. Und Sekunden später scheint das Wasser zu kochen.

Hier und da springen karpfengroße Fische aus dem Gischt heraus, mit einem maulsperrenden Fleischbrocken davonstürmend: Piranhas!

Währenddessen quellen aus der Tiefe Hunderte, manchmal an die tausend hungrige Reißmäuler mit rasiermesserscharfen Zähnen nach oben, um sich auch ihr Teil zu holen. Knapp eine Minute nach Beginn dieses Teufelstanzes ist bereits alles vorbei.

Als völlig entfleischtes Gerippe werden die sterblichen Überreste des Toten aus dem Wasser gezogen. Klatschend zappeln noch ein paar Piranhas im »Käfig« des Brustkorbes. Die Zeremonie des Umwindens der Gebeine mit bunten Blumen kann beginnen.

Mehr als diese Freßorgie war der Wissenschaft über die im Schwarm lebenden Raubfische bis vor kurzem nicht bekannt. Kein Wunder: Zu den Haien hinabzutauchen, haben einige Forscher schon riskiert, aber Piranhas zu besuchen, das hat noch keiner gewagt.

1972 aber ist es dem Freiburger Professor Hubert Markl durch Beobachtung vom Deck eines Schiffes auf dem Amazonas und durch Experimente in einem großen Aquarium gelungen, erste Fakten aus dem Leben dieser gefräßigen Tiere zu erarbeiten.

Wie kommt es eigentlich, daß die Piranhas noch nicht das gesamte Amazonas-Stromgebiet total tierfrei gefressen haben?

Ihre Hauptbeute sind natürlich nicht ins Wasser gefallene Menschen, Affen, Ochsen oder andere Großsäuger – da könnten sie lange warten bis zur nächsten Mahlzeit –, sondern andere Fische. Die Jagd auf Fische ist in diesen Flüssen, in denen die Sicht wegen des trüben Wassers kaum weiter als einen Meter reicht, aber recht schwierig.

Langsam pirschen die Piranhas im Schwarm durch die Brühe und müssen nun versuchen, mindestens bis auf 25 Zentimeter unbemerkt an einen Beutefisch heranzukommen.

Dann stoßen sie blitzschnell zu. Der erste Verfolger beißt dem

Fliehenden die Schwanzflosse ab. Die nächste Piranha schnappt sich den Schwanzstiel, die dritte den After, und so wird das Opfer in Sekunden scheibchenweise von hinten verspeist.

Oft aber entdeckt die Beute ihre Feinde schon eher und flieht. In diesem Fall haben die langsamen Piranhas keine Chance und verzichten von vornherein auf eine Verfolgung.

Viele Fische haben aber in den Jahrhunderttausenden des »Zusammenlebens« raffiniertere Anti-Piranha-Waffen entwickelt:

a) Elektrische Hochspannung. Ein einziger Zitteraal kann einen ganzen Schwarm von dreißig Piranhas auf dem »elektrischen Stuhl« seiner Stromstöße »hinrichten« und hernach verspeisen.

b) Die Stacheltaktik: Ein angegriffener Dornwels schwimmt sofort unter die unterste Piranha und folgt jeder ihrer Bewegungen. Will der Räuber nach ihm schnappen, sticht er sich am aufgerichteten Rückendorn des Welses. Sobald dieses Pärchen an einem Unterschlupf vorüberkommt, flitzt der Wels dort hinein.

Ein Glück für viele Fische also, daß Piranhas so langsam sind. Dies hat seinen Grund im diskusscheibenförmigen Körperbau. Aber warum hat die Evolution diesen Geschöpfen dann nicht einen schlanken Leib verliehen?

Weil die Diskusform des Körpers das optische Erkennungszeichen für alle Piranhas untereinander ist und als sicher wirkende »Beißbremse« jeglichen Kannibalismus unter diesen Tieren verhindert. Dieses Zeichen schließt aus, daß sich die Raubfische im Blutrausch gegenseitig fressen, wie es unter Haien gelegentlich geschieht.

Unter Piranhas existiert ein instinktiv wirkendes Beißverbot gegen alles, was so ähnlich wie eine Piranha aussieht. Deshalb besteht auch zwischen den zwanzig verschiedenen Piranha-Arten ein immerwährender Burgfrieden. Sogar ganz fremde Fische, etwa die Scheiben- und die Mühlsteinsalmler, werden stets verschont, nur weil sie äußerlich Ähnlichkeit mit Piranhas haben.

Diese Raubfische, die zu den aggressivsten Wesen auf Erden gehören, sind untereinander wahre Friedensengel. Und was ist nachts, wenn die Tiere einander nicht sehen können? Ganz einfach, dann wird eben weder gebissen noch gefressen. In der Dunkelheit kann ein Mensch in piranhaverseuchten Flüssen unbesorgt baden.

Typisch für den Charakter dieser Fische ist ferner, daß sie sich nur in der Masse stark fühlen. Wenn ein privater Liebhaber nur eine Piranha im Aquarium hält, riskiert er es des öfteren, um Gästen zu imponieren, daß er seine Hand ins Wasser hält. Es geschieht ihm (meist!) gar nichts. Wenn der Gast dann ehrfurchtsvoll in das Aquarium blickt und der Hausherr mit der Hand eine plötzliche Bewegung macht, erschrickt der »Schrecken des Amazonas« so sehr, daß er sich im hintersten Winkel des Beckens versteckt. Der im Schwarm gefürchtete Fisch ist als Einzeltier ein jämmerlicher Feigling.

60. Kraken töten Menschen

An der Felsenküste nahe der australischen Stadt Melbourne hatte ein Blauring-Krake Unterwasserjagd auf eine Krabbe gemacht. Flink huschte das Krebstier durch die Brandung auf eine trockene Klippe, auf der sich gerade der 25jährige Norbert Sixton sonnte.

Gleich darauf erschrak der Urlauber. Denn unmittelbar hinter der Krabbe her wallte ein »Bündel dicker Schlangen« aus dem Wasser heraus. Der drei Kilogramm schwere Krake setzte mit seinen acht halbmeterlangen Fangarmen die Verfolgung seines Opfers an Land fort.

Da faßte Norbert Sixton wieder Mut, ergriff das Monster an einem Fangarm und schlenkerte es hin und her. Etwas ritzte seinen Oberschenkel. Dann warf er den Kraken zurück in die Flut. Was sollte so eine harmlose Schramme, die nicht einmal schmerzte, schon schaden?

Eine Stunde darauf, er berichtete gerade seinen Freunden auf dem Campingplatz von seinem Erlebnis, wich jegliches Gefühl aus dem angeritzten Bein. Zehn Minuten später wurde sein ganzer Körper gefühllos – mit Ausnahme eines unerträglichen Brechreizes.

Es schwamm ihm vor Augen. Nach einer weiteren Stunde war er blind. Während der Fahrt mit dem Unfallwagen zum Krankenhaus versagte die Atemmuskulatur. In der Klinik war er bereits tot.

Ein Krake, und zwar ein ziemlich kleiner, hatte einen Menschen getötet.

Viele Leute übersehen immer wieder: Das eigentlich Erschreckende am schrecklichen Kraken ist nicht die Umschlingung des Opfers mit den acht Fangarmen, an denen etwa 700 Saugnäpfe sitzen. Vielmehr ist es die Tatsache, daß der Krake zu den teuflischsten Giftmischern im Tierreich gehört.

Das Gift, das er beim Zubeißen mit seinem in der Mitte zwischen den Fangarmen sitzenden Papageienschnabel in sein Opfer, etwa in einen Hummer, eine Muschel oder einen Fisch hineinspeit, tötet in Sekundenschnelle. Dann verflüssigt es die weichen Körperteile und Muskeln innerhalb des Panzers des Schalentieres. Das ist sozusagen eine Verdauung außerhalb des »Speisenden«, der seine Beute hernach auslutscht wie wir eine Dose Bier.

Nur eines bleibt rätselhaft: Warum setzen Kraken ihre so überaus gefährliche Giftwaffe nicht wie Giftschlangen auch zur Abwehr großer Feinde wie des Menschen ein? Was, wie eben geschildert, an der australischen Küste mit dem Blauring-Kraken als Ausnahmefall geschah, könnte ebensogut am Mittelmeer, ja, auf jedem südländischen Fischmarkt, auf dem lebende Kraken gehandelt werden, täglich vielfach passieren, wenn das Tier nur von seinem Gift Gebrauch machen würde.

Aber vor einem Sporttaucher kennt der Krake nur die Flucht hinter der Deckung seiner ausgestoßenen Tintenwolke in sein Klippenloch.

Die Tinte nimmt Verfolgern übrigens nicht nur die Sicht. Sie lähmt auch den Geruchssinn mariner Feinde, der Muränen, Haie und Delphine. Tiefseekraken, bei denen das Sich-Einnebeln sinnlos wäre, kehren die Verdunklung in Blendung um: Statt der Tinte stoßen sie eine leuchtende Wolke lichterzeugender Mikro-Organismen aus!

So sehr sie vor artfremden Feinden ihr Heil nur in der Flucht suchen, so kannibalisch gehen sie miteinander um. Jeder Krake ist der Todfeind des anderen. Jeder Artgenosse, der in sein Jagdrevier eindringt, das einen Radius von etwa fünfzig Metern um die Behausung hat, wird auf Tod und Leben bekämpft.

Alle »Logenplätze« in Klippenhöhlen und Korallenriffen sind durchweg besetzt. Etwas abseits davon, auf Sandboden, bauen sich die Tiere aus einzelnen Steinen, die sie im Griff ihrer Fangarme mitunter von weitem und aus »Feindesland« heranschleppen, ein regelrechtes Haus. Wo Steine fehlen, nehmen sie mit den ausgesaugten Panzern erbeuteter Krebse und Muscheln vorlieb. Eine Krakenburg besteht dann aus etwa 2000 Schalen.

Die Fischer des Mittelmeeres fangen Kranken, indem sie von je einer Boje einen Tonkrug am Seil auf den Meeresgrund hinunterlassen. Tage später, wenn sie den Krug wieder heraufziehen, sitzt meist ein Krake darin, der hier billig zu einem Eigenheim zu kommen gedachte.

Beim Kampf um Haus und Hof mit einem fremden Kraken setzt der Eigentümer meist auch Steine als reguläre Waffen ein. Er hält einen möglichst großen Brocken mit einem Fangarm als Schutzschild vor sich hin. Ist sein Haus groß genug, verschließt dies ausgesprochene »Steinzeittier« den Eingang mit einem Block.

Nur während der Paarungszeit läßt das einsame Weibchen das meist kleinere Männchen an sich heran. An eine besonders innige Umarmung mit den acht Tentakeln ist jedoch nicht zu denken. Beide sitzen in einigem Abstand nebeneinander. Der »Herr« tastet sich nur mit einem Fangarm, der sich zum Begattungsarm umgebildet hat, vor und führt ihn mit einem »Paket«, das die Samen enthält, in die Mantelhöhle des Weibchens ein.

Bald darauf legt dieses zwei bis drei Jahre alte Tier zum ersten und zum letzten Mal in seinem Leben an die 150000 Eier in ein leeres Muschelgehäuse als »Bruttresor«. Von da an bleiben der Mutter noch genau 42 Tage Zeit zum Leben. Sie frißt nichts mehr, sondern arbeitet nur noch. Sie bewacht, säubert und streichelt das Gelege und versorgt es ständig mit frischem Wasser.

Kurz nachdem die Jungen geschlüpft sind, stirbt die Mutter. Das ist von der Natur so eingerichtet, weil Kraken Kannibalen sind und die Mutter sonst ihre eigenen Kinder fressen würde.

61. Die Giftmischer des Meeres

»Gerade war ich in ein Korallenriff hinuntergetaucht, als auch schon ein riesiger Hai direkt auf mich zukam. Nun sollte es sich zeigen«, so berichtete 1975 die israelische Meeresbiologin Dr. Eugenie Clark, »ob meine neue Hai-Abwehrwaffe funktionierte.«

»Das vier Meter lange Ungeheuer schwamm bis auf drei Meter an mich heran, riß seinen zähnestarrenden Rachen weit auf... und schien plötzlich eine Art Maulsperre zu bekommen. Ohne die Kiefer zu schließen, drehte der Hai ab und ergriff die Flucht.«

Er floh jedoch nicht vor der Taucherin, sondern, verblüffender noch: vor einem fünfzig Zentimeter kleinen Fisch, den die Forscherin wie einen Hund an der Leine mit sich führte. Dieser David von Hai-Schreck heißt »Moses-Flunder«.

Bei Gefahr scheidet sie ein geradezu mörderisches Gift aus ihren 240 Flossendrüsen ins Wasser aus. Alles Meeresgetier, das in diesen Dunstkreis der Flunder gerät, wird wie elektrisiert von Krämpfen geschüttelt und stirbt innerhalb weniger Minuten: alle Muscheln, Quallen, Seesterne, kleinen und großen Fische bis hin zum Riesenhai. Eine Muräne wagt sich so lange nicht aus ihrer Riffhöhle heraus, wie der giftige Plattfisch vor dem Ausgang liegt. Es zeigte sich sogar, daß sich ein mit Höchstgeschwindigkeit angreifender, zwei Meter langer Barrakuda vor der Flunder selber geradezu herumschleuderte und schnell das Weite suchte.

Das Gift der Moses-Flunder (unsere Nordsee-Flundern und Schollen sind völlig harmlos!) zerstört im Feind die roten Blutkörperchen, führt zu inneren Blutungen und lähmt das Nervensystem. Nur der Mensch bleibt unbehelligt ... jedenfalls solange er nicht das vergiftete Wasser schluckt. Und auch die Moses-Flunder selbst bleibt am Leben. Sie produziert ein spezielles Gegengift gegen ihren eigenen Todestrank.

Somit ist nun endlich ein wirksames Hai-Abwehrmittel gefunden worden. Es muß nur noch geprüft werden, in welcher Weise diese »lebende Giftspritze« Tauchsportlern verfügbar gemacht werden kann.

Nicht minder tödliche Meeresbewohner sind die Seeschlangen. Das Gift eines einzigen Bisses genügt, um drei Menschen zu töten.

1976 setzten amerikanische Forscher zwei Seeschlangen aus dem Pazifischen Ozean im Karibischen Meer aus, wo diese Tiere sonst nicht leben. Sofort kam ein großer Hai herbei, und mit einem Happs waren die beiden Seeschlangen in seinem Rachen verschwunden.

Doch eine Stunde später war der Hai tot. Die lebendig verschluckten Schlangen hatten ihn von innen in die Eingeweide gebissen. Kurz bevor er unter fürchterlichen Krämpfen starb, würgte er die beiden Schlangen wieder aus. Groteskerweise lebten diese beiden unbeschadet weiter. Als Lungenatmer können sie bis zu acht Stunden tauchen, ohne Luft zu schnappen.

Den Haien im Stillen Ozean kann dieser schreckliche Tod übrigens nicht widerfahren. Sie wissen, was eine Seeschlange ist und meiden sie in großem Bogen. Nicht Haifischzähne, sondern Giftmischer sind die Herrscher der Meere!

Wer in der Unterwasserwelt eine tödliche »Hexenküche« besitzt, kann sich den Luxus leisten, ein bequemes Leben zu führen und gleichzeitig in märchenhafter Schönheit zu prunken. Einer der prächtigsten und zugleich giftigsten Fische tropischer Ozeane ist der Rotfeuerfisch. Flossen hat er wie ein Pfau Federn. Er leuchtet weithin durch das Korallenriff und ist langsam wie eine lahme Ente.

Trotzdem hat er keinen Feind. Denn jeder seiner vielen Stacheln ist eine Giftspritze. Langsam schiebt er sich unter den Gegner (oder unter einen großen Beutefisch oder unter die Hand eines unaufmerksamen Aquariumsbesitzers), geht plötzlich wie ein Fahrstuhl hoch, und schon sitzen mehrere Giftpfeile im Körper des Feindes.

Doch auch schon ein winziger Ritz genügt ... sogleich krümmt sich das Opfer unter brennenden Schmerzen. Atemnot, Krämpfe, Erbrechen sind die Folge. Manchmal sogar der Tod durch Herzversagen. Beim Überlebenden klingen die Qualen erst nach Stunden langsam ab.

Fünfzigmal so giftig wie Strychnin ist die Mixtur, die der Kugelfisch zusammenbraut. In Japan vergiften sich daran alljährlich etwa 250 Menschen. 150 davon müssen sterben.

Groteskerweise wissen wir noch gar nicht, wozu der Fisch dieses Teufelszeug herstellt. Es entsteht nämlich ausgerechnet in den Eierstöcken und wandert von dort in die Leber, den Darm und die Haut. Das Muskelfleisch bleibt frei davon ... und wird von Japanern als Delikatesse verspeist.

Ein Fehlgriff bei der Zubereitung des sogenannten »Fugu« – und der Gast kann sich nur noch wünschen, Knollenblätterpilze gegessen zu haben. Die sind nämlich vergleichsweise harmlos gegen dieses Fischgift. Eine Unze (28 Gramm) reicht aus, um 30000 Menschen zu töten.

So muß ein Fugu-Koch eine dreijährige Spezialausbildung absolvieren. Überdies wird die Arbeit der 2000 Fugu-Köche in Tokio staatlich überwacht. Nur Restaurants mit einer Lizenz des Gesundheitsministeriums dürfen diesen Fisch anbieten.

Die phantasievollsten Mörder der Meere sind jedoch jene Tiere, die weithin als völlig harmlos gelten: die Seeschnecken. Einige können mit ihrem Giftstachel sogar badende Menschen töten wie der Marmorkegel, die Papstkrone oder die Bischofsmütze aus der Südsee – ganz und gar unheilige Wesen, deren Gehäuse die Prunkstücke mancher Sammlung sind.

Diese Tiere benutzen Werkzeuge, um Muscheln aufzuknacken, Dolche, um ihre Opfer regelrecht zu erstechen, Giftspritzen zum Töten und Zahnarztbohrer, um in die dick gepanzerten »Tresore« zum Beispiel der Austern eindringen zu können.

Einige Seeschnecken fesseln sogar ihre Opfer, damit sie ihnen nicht entfliehen können, während sie schneckenlangsam mit der Mahlzeit beginnen. Wieder andere lösen ihre Beute in selbstproduzierter Schwefelsäure auf und »trinken« dann diesen fürchterlichen Saft.

Die Veilchenschnecke knabbert mit Vorliebe an der »Portugiesischen Galeere« herum, einer Staatsqualle, die 10000mal größer ist als sie und zudem tödliche Nesselzellen besitzt. Deshalb schläfert die Schnecke die Qualle vor dem Gefressenwerden mit einem Betäubungsmittel ein.

Es gibt wirklich nichts in der Giftchemie der Menschen, was von Meerestieren nicht schon längst »erfunden« worden wäre!

So verändert gegenwärtig die moderne Meeresforschung das altgewohnte Bild von den Gefahren der Unterwasserwelt. Die einst so gefürchteten Haie lassen sich von kleinen Flundern vertreiben. Die wahren Herren sind die Giftmischer.

62. Stacheln werden wie Pfeile verschossen

Wer tötet bei einem Zweikampf wen - der Puma den nur einen Meter kleinen, behäbigen Baumstachler oder umgekehrt? Für den Eingeweihten ist das keine Frage. In den Wäldern der Rocky Mountains wie in der Sierra Madre Mexikos oder im Dschungel Brasiliens haben Wildhüter, Pelztierjäger und Zoologen schon Pumas, Wölfe, Luchse und Bären gesehen, die nach dem Angriff auf einen Baumstachler jämmerlich verendet waren.

Baumstachler sind die amerikanischen Gegenstücke zu den

Stachelschweinen der Alten Welt. Sie leben viel auf Bäumen, und außer den Stacheln haben beide nicht viel gemeinsam. Sie sind nicht verwandt. Sogar in der Anwendung des Waffenarsenals taktieren beide unterschiedlich:

Wenn der Baumstachler von einem Puma angegriffen wird, sträubt er seine 30000 acht Zentimeter langen Stacheln und flieht. Natürlich ist der Puma viel flinker. Kurz bevor er ihn eingeholt hat, bremst der Baumstachler scharf, so daß sein Feind mit der Schnauze voran mitten in das Stachelbüschel saust.

Bei diesem »Auffahrunfall« pieken die Stacheln nicht nur. Sie reißen überdies in dem Augenblick aus dem Fell des Besitzers heraus, in dem die Widerhaken an der Spitze in die Haut des Feindes eindringen. Man hat schon Puma- und Wolfsschnauzen gesehen, die mit Stacheln so gespickt waren, daß sie wie ein Walroßbart wirkten. Das Teuflische ist, daß die Stacheln nicht abzuschütteln oder abzustreifen sind. Mit dem Widerhaken arbeiten sie sich immer tiefer in das Fleisch hinein. Vereiterungen, Wundbrand, Schwellungen sind die Folge. Das Raubtier kann vor Schmerzen nichts mehr mit dem Maul berühren und muß verhungern.

Der Schutz durch die 30000 Spieße wiegt den Baumstachler so in Sicherheit, daß er auch zum Gegenangriff übergehen kann. Er zieht dann im Rückwärtsgang in die Schlacht. Die nordamerikanische Art, auch Urson genannt, hat zudem einen Stachelschwanz. Wenn das Tier damit umherdrischt, brechen ein paar Stacheln ab und schwirren wie Pfeile durch die Luft. Das hat dem Urson den Ruf eingebracht, er könne die Stacheln wie Pfeile abschießen.

Demnach haben diese Tiere die altgriechische Sage von den stymphalischen Vögeln, die Herkules mit ihren Federn wie mit Pfeilen beschossen, Wahrheit werden lassen.

Der Schwanz des südamerikanischen Verwandten, des Greifstachlers, ist unbewaffnet. Er wird als »fünftes Bein« zum Klettern benutzt.

Will das Tier von einem Ast zum anderen wechseln, klammert es sich mit dem Schwanz und den beiden Hinterfüßen fest. Dabei streckt es die Hinterbeine und steht seitlich und freihändig am schwankenden Mast wie ein Artist. Nun schwingt es stark hin und her, bis die Vorderfüße den anderen Ast greifen können.

Tagsüber schläft das Tier in Baumhöhlen. Erst in der Abenddämmerung kommt es hervor. Als Vegetarier ernährt sich der Baumstachler von jungen Trieben, Blättern und Blüten. Im Winter nagt er Baumrinde und kann, von oben nach unten fressend, einen Baum völlig blank schälen. Wie verrückt ist er hinter salzigen Dingen her. Er frißt von Hirschen abgeworfene Geweihstangen. Er zernagt abgestelltes Holzfällerwerkzeug und Bootsriemen, nur weil das Salz menschlichen Schweißes daran haftet. Ja, der Baumstachler zerknackt sogar Glasflaschen, die Camper weggeworfen haben.

Im sicheren Gefühl seiner Unangreifbarkeit trottet er im ewigen Schlendergang einsiedlerisch durchs Leben. Beim Schmausen in der Baumkrone schnüffelt, quiekt, brabbelt und grunzt er in »Selbstgesprächen« vor sich hin. Er kann aber auch nächtens bis zu einer Stunde lang den Mond anjaulen.

Dem Menschen, der ihn pflegt, kann der Baumstachler ein drolliger Hausgenosse werden. Aber wenn ihm ein Artgenosse in die Quere kommt, setzt er sich aufrecht hin, knurrt bösartig und droht mit geballten Fäusten wie die Karikatur eines Boxers.

Nur in der Paarungszeit, beim kanadischen Urson im Spätherbst, vergessen die Baumstachler ihre Antipathie. Männchen und Weibchen nähern sich in aufrechter Haltung und reiben die Nasen aneinander. Wenn sie »sich riechen können«, markiert der »Herr« das Weib als sein Eigentum – aber nicht nur mit ein paar Urinspritzern wie der Aguti, sondern er duscht es regelrecht mit der Flüssigkeit, die uns so ekelerregend erscheint.

Die nächtliche Paarung hat bislang noch kein Zoologe beobachtet. So rätseln wir noch, wie die Tiere das trotz ihrer gefährlichen Stacheln zuwege bringen. Die Indianer sagen, das Weibchen würde sich mit dem Bauch nach oben wie eine Hängematte an einen Ast klammern, während sich das Männchen geschickt darüberschöbe.

Nach einer Tragzeit von 210 bis 217 Tagen werden die drei oder vier Jungen in einer Baumhöhle geboren. Es sind Riesenbabys, die das höchste relative Geburtsgewicht aller Säugetiere haben! Während die Mutter nur 75 Zentimeter mißt, ist jedes Junge schon 27 Zentimeter lang und 1 bis 1,5 Pfund schwer, also größer als ein neugeborener Schwarzbär.

Die Stacheln der Kinder stören bei der Geburt nicht, da sie zu dieser Zeit noch weich sind. Sie erhärten aber schnell, und das Säugen scheint sich für Mutter und Kinder bald zur Tortur zu entwickeln. Deshalb werden Kinder, die bereits im Alter von zwei Tagen klettern können, schon am zehnten Lebenstag entwöhnt. Mit zwei Jahren sind sie geschlechtsreif. Ihr Höchstalter liegt zwischen sechs und zehn Jahren.

63. Die Empfindsamkeit der Bettwanze

In Mr. Robertsons Schlafzimmer schien es zu spuken. Seit er dort eine elektrische Synchronuhr installiert hatte, wurde er nicht mehr von Wanzen geplagt. Statt dessen ging die Uhr jede Nacht drei Stunden nach. Der Uhrmacher konnte keinen Fehler entdecken. In seiner Werkstatt arbeitete das Uhrwerk perfekt. Und wenn Mr. Robertsons Freund nicht ein Insektenforscher gewesen wäre, hätte man wirklich an Geistererscheinungen glauben können.

Der Freund legte sich nachts auf die Lauer. Um die dritte

Morgenstunde blieben die Zeiger unvermittelt stehen. Schnell nahm der Forscher die Uhr von der Wand und öffnete sie. Wie überraschte Heinzelmännchen marschierten Dutzende von Bettwanzen im Geschwindschritt heraus!

Zufälligerweise hing die Uhr unmittelbar neben einem Wanzenversteck im Radioapparat. Jede Nacht zur bevorzugten Mahl-Zeit zwischen 3 und 6 Uhr in der Frühe kamen die Insekten blutdurstig hervor und peilten mit ihren Kopfantennen eine Wärmequelle an. Normalerweise ist das ein schlafender Mensch. In diesem Fall aber war es eine vom elektrischen Strom erzeugte warme Stelle, die die Tiere in das Räderwerk lockte, wo sie es blockierten. Erst in der Morgenhelle, wenn sich die Wanzen in ihr Versteck zurückzogen, begann die Uhr wieder zu laufen.

Am Außergewöhnlichen zeigt sich das Typische besonders deutlich: Die Wärme ist der Wegweiser der Wanzen zur Blutquelle. Dabei offenbaren diese Tiere eine Empfindsamkeit für Wärme, die dem menschlichen Temperatursinn haushoch überlegen ist. Kein Mensch kann beim Blinde-Kuh-Spiel mit verbundenen Augen meterweit entfernte Personen am Wärmegefälle der Luft erkennen. Für die halbzentimetergroße Bettwanze aber gehört dieses Kunststück zur Lebensnotwendigkeit, wenn sie zur Zeit menschlichen Tiefschlafes aus Wandrissen, losen Tapeten, alten Möbeln und anderen Verstecken hervorkommt und in das Bett des Opfers krabbelt oder wenn sie die Zimmerdecke ersteigt und sich wie eine Bombe zielsicher auf den Schlafenden fallen läßt.

Feine Sinneshärchen auf beiden Antennen der Bettwanze erspüren zwischen links und rechts Temperaturunterschiede von wenigen Hundertsteln Grad Celsius. Damit können sie die Richtung zunehmender Wärme anpeilen, die sie zum Warmblüter Mensch führt.

Auf der Haut des Opfers sucht die Wanze geduldig und penibel so lange umher, bis sie sich über einer geeignet erscheinenden Ader befindet. Dann beginnt sie, mit präzisem chirurgischem Instrument zu arbeiten: Jeder ihrer beiden Oberkiefer ist eine Kombination aus ultrascharfer Dolchspitze und Säge. Sobald das Tier

»fündig« geworden ist, werden die beiden Unterkiefer in die Wunde eingeführt. Der eine injiziert Speichel und eine Droge, die das Gerinnen des Blutes verhindert. Der andere ist ein »Strohhalm«, der das Gemisch aus Blut und Speichel aufsaugt.

Eine junge Wanzenlarve trinkt vor der ersten Häutung 3 Minuten lang, nach der dritten Häutung 8 Minuten, nach der vierten Häutung 10 Minuten. Das ausgewachsene Tier labt sich 10 bis 15 Minuten ohne Pause. Weibchen nehmen an Blut das Doppelte ihres Eigengewichts zu sich, Männchen nur die Hälfte. Am gierigsten sind die Wanzen bei Lufttemperaturen zwischen 20 und 27 Grad. Wenn es kühler als 13 Grad wird, hat der Blutspender Mensch keinen Stich mehr zu befürchten. Dann bleiben die Tiere kälteklamm in ihren Ritzen.

Das Schlimme ist, daß der schlafende Mensch weder Stich noch Saugen sofort bemerkt. Das Jucken der Quaddeln setzt erst nach 20 Minuten ein. Dann aber ist der Übeltäter schon längst wieder in seinem Versteck. Nach jeder Blutmahlzeit verdaut die Wanze in ihrem Schlupfwinkel sieben bis zehn Tage lang, ehe sie neue Gelüste verspürt. In menschenarmen Zeiten fallen die Parasiten auch Kühe, Pferde, Hunde, Katzen, Ratten, Mäuse und Vögel, vor allem Schwalben an. Mangelt es auch an diesen, können die Bettwanzen bis zu einem Jahr lang hungern. Dann sind sie allerdings nicht mehr füllig wie ein Marienkäfer, sondern dünn wie Papier.

Ausgehungerte Tiere kümmern sich auch nicht mehr um die Essenszeiten. Ganz gleich, ob es dunkel oder hell, nachts oder mittags ist, ob der Mensch schläft oder im Zimmer umherläuft, in jedem Fall kommen die Wanzen dann aus allen Ecken und Ritzen hervor. So ist es zu erklären, daß in einem Haus, das lange leerstand, die neuen Besitzer gleich bei ihrer Ankunft von den Wanzen geradezu aufgefressen werden. Auch finden besonders in teuren Hotelzimmern, die seltener belegt werden, die blutdurstigsten Wanzenbacchanale statt.

Hungerkünste, Freßwut und Temperatursinn der Wanzen machten sich vor mehreren Jahren die amerikanischen Truppen in

Vietnam für eine Geheimwaffe zunutze. Sie sperrten jeweils mehrere Wanzen in eine Blechschachtel und legten diese vor ihren Linien aus. Kamen anschleichende Feinde in Wanzennähe, witterten die ausgehungerten Tiere ihre Wärme und begannen zu krabbeln. Dieses Geräusch wurde über Verstärker und Funk zum Auslösen des Alarms bei den Verteidigern benutzt. Wanzen als Waffe im Atomzeitalter – kann man sich etwas Groteskeres denken?

Aber auch die Wanzen selber verfügen über eine sehr modern dünkende Abwehrwaffe. Ihre Feinde, also Ameisen, Spinnen, Mordwanzen und Skorpione, versuchen sie mit einer chemischen Flüssigkeit einzunebeln, die sie in ihren Brustdrüsen erzeugen. Dieser Stoff, der den charakteristischen Wanzengeruch hervorruft, ist nichts weniger als ein Kontaktgift, ähnlich dem DDT, und tötet die Feinde zuverlässig. Zudem schreckt dieses selbst produzierte Gift auch andere nächtliche Geister, nämlich Fledermäuse, davon ab, Wanzen zu fressen.

Übrigens stammt die Bettwanze von einer Fledermauswanze ab. Als der Mensch vor 300000 Jahren auf der Erde erschien und die gleichen Höhlen bewohnte wie die Fledermäuse, stiegen die Vorfahren unserer Bettwanze von den Fledertieren auf den Menschen um, jedenfalls in den Mittelmeerländern, in Asien und Europa.

Im letzten Jahrhundert breiteten sich die Wanzen auf Schiffen über die ganze Welt aus. Noch 1939 waren 4 Millionen Londoner Bürger Blutspender für Wanzen. Seither haben aber DDT und Hygiene enorm unter den lästigen »Haustieren« aufgeräumt.

Indessen: Die Fruchtbarkeit der Wanze ist gewaltig, obwohl jede Paarung ein Beinahe-Mord ist. Das männliche Glied gleicht einem scharfen Krummsäbel. Mit ihm sticht das Tier dem Weibchen ein Loch in den Rücken und gibt die Samen dort hinein. Von hier wandern die Samen durch die Aderwand in die Blutbahn und lassen sich zu Spermien-Sammelbecken in der Nähe der Fortpflanzungsorgane schwemmen. Hier warten die Samen so lange, bis das Weibchen eine Blutmahlzeit zu sich genommen hat. Dann schwimmen sie durch die Eiröhren zu den Eierstöcken. Die Rükkenwunde verheilt. An der Anzahl der Narben kann man erkennen, wie oft sich ein Wanzenweibchen gepaart hat.

Die 150 millimeterkleinen Eier werden überall in den Ritzen und Wanzenverstecken festgeklebt. Nach einer bis sechs Wochen schlüpfen die Larven. Diese können erst dann wachsen und sich häuten, wenn sie eine Blutmahlzeit hinter sich haben. Nach jeder der insgesamt fünf Häutungen wird die Larve größer und der ausgewachsenen Wanze ähnlicher.

IX.

So leben unsere Haustiere in Freiheit

64. Meerschweinchen haben es mit der Liebe schwer

Schlumpi war der Stärkste in einer Horde von zehn Meerschweinchen, die im Buschurwald Nordwest-Südamerikas in freier Wildbahn lebten. Es hatte ihn viel Schweiß und Nerven gekostet, die Spitzenposition zu erkämpfen, denn so harmlos bei diesen Tieren die Nagezähnchen als Waffen sind, so respektlos benehmen sich die im Kampf Unterlegenen vor »gekrönten Häuptern«.

Wenn es Streit gab, etwa um eine schmackhafte Wurzel, mußten ihm seine Untergebenen eigentlich gerade in die Augen schauen, um damit zu bekunden, brav sein zu wollen. Aber meist drehten sie ihm den Allerwertesten zu. Das heißt auch in der Meerschweinchen-Sprache: »Du kannst mich mal ...«

Zuweilen fand Schlumpi das im ureigenen Sinne des Wortes haarsträubend. Aufgerichtete Haare sind unter diesen Tieren eine unmißverständliche Drohung. Will das aufmüpfige Männchen eine Abreibung vermeiden, muß es sofort mit den Zähnen wetzen.

Tierfreunde halten das bekannte Zähnewetzen der Meerschweinchen für eine Drohung: »Paß auf! Gleich beiße ich dich!« Tatsächlich ist es das aber nur im Sinne einer Abwehr: »Nur wenn du mir etwas tust, beiße ich dich!« Wenn zwei Männchen ein Zähnewetz-Duell veranstalten, können wir sofort vorhersagen: Derjenige, der am meisten wetzt, fühlt sich unterlegen und wird gleich nachgeben.

Einmal kam es aber doch zu einer tätlichen Auseinandersetzung. Blitzschnell stieß Schlumpi vor und schlitzte seinem Gegner die Oberlippe blutig.

Nun wäre es für die Mitglieder einer so auf Gedeih und Verderb aufeinander angewiesenen Tiergemeinschaft tödlich, wenn der Verlierer aus dem Schutzkreis der Gruppe fliehen würde. Deshalb unternimmt er nun etwas ganz Drolliges: Er baut sich vor dem Sieger auf und trippelt mit den Vorderbeinchen in Nähmaschinenschnelle auf der Stelle. Er tut nur so, als ob er fliehen würde. Er zeigt, daß er ausreißen will und erkennt damit die Oberhoheit des Siegers an. Aber er bleibt doch da.

Schlumpi ließ das als Unterwerfungsgebärde gelten und verschonte ihn. Aber so ganz ungeschoren wollte er den Rebellen doch nicht davonkommen lassen. So besprenkelte er ihn mit einem wohlgezielten Urinstrahl aus dreißig Zentimeter Entfernung.

Männchen tun so etwas in der Paarungszeit auch mit ihren Weibchen, um sie als ihr Eigentum zu kennzeichnen. Ob dieser Schmach erstarrte Schlumpis Gegner wohl drei Minuten lang zum Standbild. Hernach verhielt er sich ganz artig.

Als die Zeit der Paarung kam, hatte Schlumpi seine Spitzenstellung in mehreren ähnlichen Auseinandersetzungen gut gefestigt.

Wer aber meint, daß ihn das nun auch dazu berechtigte, mit allen seinen Weibchen intime Beziehungen anzuknüpfen, ist auf dem Holzweg. Er bekam nicht einmal ein einziges Weibchen.

Das geschah so: Auch in den drei jüngeren Männchen der Horde regte sich die Liebeslust. Ständig versuchten sie, sich mit den Weibchen zu paaren. Das wollte Schlumpi auf jeden Fall verhindern. Aber wenn er hier dazwischensprang, begann weiter hinten ein zweiter Halbstarker mit der Liebeswerbung. Kaum hatte er diese getrennt, waren der dritte und auch der erste schon wieder zugange. So hetzte er total entnervt ständig kreuz und quer, bis er völlig erschöpft zusammenbrach.

Aber währenddessen hatte sein »Stellvertreter«, das zweitstärkste Männchen, mit dem er sich nicht in langer Rauferei mit zweifelhaftem Ausgang anlegen wollte, reichlich Gelegenheit, in aller Ruhe ein Weibchen nach dem anderen für sich zu gewinnen.

Bei den in Freiheit lebenden Meerschweinchen kommt demnach nicht das stärkste Männchen zur Fortpflanzung. Es ist nur der Wegbereiter für den Zweitstärksten. Das, was viele Menschen für ein Naturgesetz halten, werfen die Meerschweinchen also gehörig über den Haufen.

65. Wellensittiche: treu bis in den Tod

Dies ist die lustige und zugleich traurige Geschichte von Butschi und Sarah, einem Wellensittich-Pärchen. Das Besondere daran ist, daß beide nicht in einem Vogelbauer lebten, sondern in freier Wildbahn: in einer Halbwüste Australiens.

Als es Abend geworden war, schwirrten beide vom Grassamen-Fressen heim zu einer Gruppe von sechs Eukalyptusbäumen. Ohrenbetäubender Lärm schlug ihnen entgegen, denn dort waren bereits an die 20000 Wellensittiche versammelt und betrieben ihre

Lieblingsbeschäftigung: Tratschen, Sich-Zanken, Haschen-Spielen und Sich-Necken.

Vor allem aber war der Heiratsmarkt im vollen Gange. So hatte Butschi vor drei Jahren auch seine Sarah gefunden: in einem Spiel-Test, der zeigen sollte, ob sie bereit war, mit ihm durch dick und dünn zu gehen.

Zunächst hatte sich Butschi vor seiner Auserwählten auf einen Zweig gesetzt und sie laut angezwitschert. Er krakeelte so lange, bis sie mit dem Kopf schüttelte. Bei Wellensittichen bedeutet das Zustimmung.

Als Butschi das erreicht hatte, riskierte er es, auf den nächsten Ast zu hüpfen, natürlich in der Hoffnung, Sarah möge hinterher kommen. Tatsächlich tat sie das auch. Nun fand er sich offenbar ganz unwiderstehlich und wagte es, in allen nur möglichen Kapriolen durchs Geäst zu schwirren.

Bis hierher steht es dem Weibchen immer noch frei, dichtauf zu folgen oder dem Bräutigam den Laufpaß zu geben. Aber wenn es sich während der artistischen Kunstflug-Vorstellung nicht von ihm trennen kann, bleiben beide zeitlebens unzertrennlich.

Voller Kapriolen war auch ihr ganzes weiteres Leben, das für Wellensittiche in freier Wildbahn als typisch gelten kann. Schon wenige Tage nach der »Hochzeit« begann Butschi fast täglich mit Seitensprüngen. Aber auch Sarah ließ hin und wieder einen »Wilderer« an sich heran.

Erwischte Sarah ihren Butschi in flagranti, gab es natürlich großen Skandal. Aber nicht der Treulose bekam die Abreibung, sondern das eigentlich ganz unschuldige fremde Weibchen, das Butschi gerade nach allen Regeln der Kunst umbalzte.

Dieser große Krach verläuft indessen zwar lautstark, im übrigen aber ganz harmlos, da er in Form des jedermann bekannten »Schnabel-Boxkampfes« ausgetragen wird.

So ist es in der vieltausendköpfigen, quirligen Versammlung nicht ganz leicht, außerhalb der Brutzeit herauszufinden, wer denn nun eigentlich mit wem ein Ehepaar bildet.

Anhaltspunkte sind diese: Wer den anderen im Halsgefieder

krault, wer miteinander schnäbelt und sich gegenseitig füttert, ist ein Ehepärchen. Sexuelle Anträge sagen hingegen nichts über eine Ehebindung aus.

Das kommt daher, daß Wellensittiche zwei verschiedene Arten der Liebe kennen: das sexuelle Verlangen und die persönliche Zuneigung. Im Sex sind sie hemmungslos. In der Sympathie halten sie sich die Treue bis in den Tod.

Einige Monate später dörrte das Land unter der sengenden Sonne. In der Nähe der letzten Wasserstellen versammelten sich die Sittichschwärme, über Hunderte von Kilometern kommend, zu einem Millionenheer.

Dann versiegten auch diese Tränken.

In der Nacht fegte ein Sandsturm durch die Zweige der Schlafbäume und glühte die letzte Feuchtigkeit aus den Leibern. Am nächsten Morgen lagen die Vogelleichen als dezimeterdicker Teppich auf dem Boden. Nur wenige Wellensittiche überlebten, darunter Butschi und Sarah.

Drei Tage nach der Katastrophe kam der Regen. Und nun waren es Butschi und Sarah, die ein Wunder vollbrachten: Innerhalb der nächsten vier Monate brachten sie drei Bruten mit je neun Jungen zur Welt. Drei Monate nach dem Schlüpfen aus dem Ei brüteten die Jungen bereits selber. So konnten die verheerenden Verluste sehr schnell wieder ausgeglichen werden.

66. Goldhamster flirten nur im Regen

Nach drei Monaten sengender Glut und Trockenheit ballten sich zum erstenmal wieder dunkle Gewitterwolken über der syrischen Wüste zusammen. Sobald es zu regnen begann, schlüpften überall aus Erdlöchern Goldhamster-Männchen hervor und flitzten wie wild auf der Suche nach Weibchen umher.

Mit den ersten Regentropfen änderte auch Schnuppi, eine süße kleine Goldhamsterin, ihre Meinung über die »Männer«. Bisher waren alle anderen Goldhamster ihre erbitterten Feinde gewesen, ganz gleich welchen Geschlechts. Der Vorrat an Grassamen, den sie in unterirdischen Kornkammern gesammelt hatte, reichte wirklich nur für sie allein.

Aber der Regen bedeutete erneutes Hervorsprießen der Gräser, neue Nahrung und damit die einzige Gelegenheit, unverzüglich an die Aufzucht von Kindern zu denken. So geben bei den Goldhamstern die ersten Regentropfen gleichsam das Startsignal zur Liebe.

Das kostbare Naß verwandelt die Wüste für knapp drei Wochen in einen blühenden Garten Eden. Danach verbrennt die Sonne wieder alles zu Staub. Das bedeutet, daß die Goldhamster ähnlich wie die Zebrafinken in dieser kurzen Zeit ihre Kinder schon einigermaßen über die Runden gebracht haben müssen.

Die Kinderaufzucht im »Düsentempo« sieht so aus: Bereits 16 Tage nach der Paarung brachte Schnuppi ihre Jungen zur Welt. Das ist der absolute Kürzerekord für Schwangerschaften unter allen Säugetieren unseres Planeten.

Kurz nacheinander gebar sie zwölf Kinder. Das vierte und das achte waren bereits tot, als sie aus dem Mutterleib kamen. So blieben ihr noch zehn. Wie alle Goldhamsterinnen hatte Schnuppi aber nur acht Zitzen. Da jedes Kind eine Zitze als seinen ganz persönlichen Stammplatz an der »Milchbar« verteidigt, konnten zwei nicht genährt werden. Die Hamsterin löste das Problem, indem sie ihre beiden »überflüssigen« Kinder kurzerhand auffraß.

Dieser Kinder-Kannibalismus hat dem Ruf des Goldhamsters sehr geschadet. Als Wüstenbewohner hat er aber praktisch keine andere Wahl. Würden sich zwei Junge eine Zitze teilen, müßten sie beide Hungers sterben. Die vier Überzähligen sind eigentlich nur Ersatzkinder für den Fall, daß von den acht Erstgeborenen einige tot zur Welt kommen. Denn es ist sehr wichtig, daß die Höchstzahl von acht Kindern pro Wurf stets voll erreicht wird, da die Art sonst nicht in der Wüste überleben könnte.

Ist ein Goldhamster also so intelligent, daß er bis acht zählen kann? Dann wäre er schlauer als Papageien und Affen. Er ist es nicht. Vielmehr hilft ihm die Natur mit einem Instinkt: Jedes Kind, das nicht mittrinkt, wenn die anderen an den Zitzen nukkeln, wird von der Mutter sofort als »überflüssig« betrachtet. Über ein Kind, das eine Mahlzeit versehentlich verschläft, ist deshalb das Todesurteil gefällt. So barbarisch sind die Gesetze der Wüste.

Die körperliche Entwicklung von Schnuppis acht überlebenden Kindern ging so rapide, daß man sie fast wachsen sehen konnte. Während draußen die Pflanzenwelt wieder unter der sengenden Sonne verdorrte, erntete Schnuppi in der Umgebung ihres Baues Pflanzensamen und sammelte sie in ihrem Vorratslager.

Zu Anfang durften die Kinder noch davon naschen. Als aber die Ernte immer spärlicher wurde, erfaßte Schnuppi die Panik. Sie wurde zu ihren Kindern immer unleidlicher, und als diese 36 Tage alt waren, jagte sie alle aus dem Haus und in die Wüste. Von nun an mußte jedes allein zusehen, wie es sich in der Welt zurechtfand.

Draußen lauern überall Gefahren: Wüstenfüchse, Schlangen, Skorpione, Wüstenfalken, Ratten und fremde Goldhamster, die ihr Revier verteidigen. Aber wer es schafft, ein Alter von zweieinhalb Monaten zu erreichen, erlangt dann bereits die Geschlechtsreife und kann eine eigene Familie gründen ... sobald der nächste Regen fällt.

67. Als die Schildkröte einen Pantoffel liebte

Seit viereinhalb Jahren war eine Griechische Landschildkröte mit Namen Paul der Liebling der Kinder im Londoner Zoo. Der Pfleger erwartete von Paul nicht viel Aufregendes, da dieser als einziges Panzertier nur unter Meerschweinchen und Kaninchen lebte.

Doch eines Tages legte Paul fünf Eier. »Kleiner Irrtum«, dachte der Tierpfleger, »der Paul ist also eine Pauline.« Aber da sie unmöglich ein Meerschweinchen zum Ehegespons gehabt haben konnte, hielt er die Eier für unbefruchtet und tat sie zur angestaubten Eiersammlung des Zoos in eine Schrankschublade.

Zehn Wochen später gellte der Schrei einer Raumpflegerin durch die ehrwürdigen Hallen. Man eilte herbei.

Die Frau stand angstschlotternd auf einem Tisch, zeigte auf die Schublade und stammelte: »Ratten!« Tatsächlich raschelte es darin. Als ein ganz Mutiger öffnete, kamen aber fünf kleine Schildkröten-Babys, von der Zentralheizung ausgebrütet, zum Vorschein.

Seither wissen wir, daß weibliche Griechische Landschildkröten die männlichen Samen von der letzten Paarung mindestens viereinhalb Jahre lang in einer Leibeshöhle aufbewahren können, um sie bei Bedarf zu verwenden.

Ein Tierfreund, der sich mehrere dieser Reptilien hält, mag vergebens nach einem Grund für diese Seltsamkeit suchen. In Menschenobhut haben die Schildkröten, wenn sie zu mehreren sind, nie Sorgen, einen Paarungspartner zu finden. Sie kennen sich persönlich. Und so ist eine Hochzeit immer eine langweilige Geschichte: Das Männchen reitet auf, das Weiblein weidet derweil lustlos weiter und schleift den Liebhaber, der von seiner Braut nicht ablassen kann, Salat kauend mit sich durchs Terrarium.

Ganz anders jedoch in freier Natur. Besonders dort, wo die Tiere sehr selten geworden sind, haben sie große Schwierigkeiten, zur Paarungszeit im April einen Partner zu finden. In der Müllkippe der griechischen Stadt Korinth entdeckte ich einmal einen einsamen Schildkröterich, der vor lauter Verzweiflung erst einen alten Pantoffel mit einem Weibchen verwechselte und anbalzte. Danach versuchte er es mit einer leeren Konservendose und schließlich mit einem Stein.

Treffen sich in freier Wildbahn dann doch einmal Männchen und Weibchen, bricht keineswegs sofort die große Liebe aus. Es erinnert eher an das Gefecht zweier Panzerkreuzer. Mit der fast sprichwörtlich gewordenen langsamen Höchstgeschwindigkeit reißt »sie« vor »ihm« aus. Er walzt hinterher. Wenn er sie nicht einholen kann, wird es nichts mit der Liebe.

Denn es handelt sich hier nicht um eine sonst so typisch weibliche Scheinflucht. Sie hat echte Angst vor ihm, und er muß versuchen, sie zu überholen, um sie durch Bisse in die Vorderbeine auf recht unfreundliche Weise zum Stehen zu bringen. Mitunter fließt sogar Blut.

Wenn sie merkt, daß es kein Entrinnen mehr gibt, sucht sie Schutz, indem sie Kopf und Beine in ihren Panzer einzieht. Nach der Überwinterung fressen sich die Tiere im Frühjahr jedoch rund und voll. Das hat die Folge, daß die hintere Körperpartie keinen Platz mehr im Gehäuse hat, wenn Kopf und Vorderteil in Sicherheit sind. Genau diese Situation nutzt das Männchen dann weidlich aus, um das Weibchen regelrecht zu vergewaltigen.

So ist das nun einmal mit der Liebe unter Reptilien.

Der Panzer der Schildkröten ist übrigens ein höchst merkwürdiges Körpergebilde. Die unteren Panzerplatten sind eigentlich Rippenknochen, die sich enorm verlängert und verbreitert haben, aus dem Körperfleisch herausgewachsen und dann miteinander verschmolzen sind. Die oberen Platten sind in ähnlicher Weise vergrößerte Fortsätze der Wirbelknochen des Rückgrats.

Heutzutage kommt es nur noch selten vor, daß zwei Schildkröten-Männchen in Freiheit um ein Weibchen kämpfen. Aber wenn der Zufall ein solches Zusammentreffen herbeigeführt hat, gehen die Freier wie Panzerwagen ohne Kanonen aufeinander los. Sie rammen sich, versuchen sich gegenseitig hochzuheben und auf den Rücken zu werfen.

Der Verlierer zappelt dann mit den Beinen hilflos in der Luft herum. Meist dauert es sehr lange, bis er sich wieder in seine Normallage zurückkippen kann. Manchmal gelingt es ihm auch überhaupt nicht mehr. Dann beginnt das langsame Sterben, das sich bei Landschildkröten noch über Wochen und Monate hinziehen kann.

Die Herausforderung zum Turnier der »Ritter« wird jedoch nur dann angenommen, wenn beide Männchen ungefähr den gleichen Rang haben. Ihr Rangabzeichen ist die Körpergröße.

Das hat eine verblüffende Folgerung: Schildkröten hören nämlich ihr ganzes Leben lang nicht auf zu wachsen. Je älter das Tier wird, desto höher steigt es im Rang. Im Kampf um eine Braut kann also ein hundertjähriger Kröterich (sie werden bis zu 115 Jahre alt) einen jüngeren Rivalen so um die achtzig mit kräftigen Rammstößen aus der Konkurrenz ausschalten.

68. Ohrfeigen für den Liebhaber

Als der Nubische Falbkater Ramses in den Tempelruinen von Luxor über eine umgestürzte Säule spazierte, mußte er dreimal schnuppern. Aber dann wußte er Bescheid. Seine Nase sagte ihm nicht nur, daß die Falbkatze Isis hier vor einer Stunde hinübergewechselt war, sondern auch, daß sie gerade begann, heiß zu werden.

Also machte sich Ramses auf den Weg, Isis zu suchen. Es war schon Nacht, und der Mond leuchtete hell. Da hörte er, wonach er suchte: Beim Säulenbild eines heiligen Stieres hatten sich schon fünf andere Kater um Isis versammelt und jaulten gen Himmel, daß es einem die Seele aus dem Leibe drehte – just so wie beim nächtlichen »Katzenkonzert« in unserem Lande.

Die Nubische Falbkatze ist nämlich der Urahn unserer Hauskatze. Sie lebt heute noch in den Halbwüsten, Wüsten und Steppen Afrikas, ist etwas schlanker, etwas größer, aber viel wilder als unsere »Muschis«. Doch während sich viele Haustiere in ihrem Verhalten von der Wildform unterscheiden wie Tag und Nacht, gleicht das Liebesspiel der Nubischen Falbkatze dem unserer Hauskatze so sehr, daß alles, was ich gleich schildere, uneingeschränkt auch für unsere »Muschis« gilt.

Das vermeintliche Katzenkonzert ist in Wirklichkeit ein Katerkonzert, eine Art Sängerkrieg, in dem die Liebhaber zunächst auf musikalische Weise versuchen, sich gegenseitig auszustechen.

Das Gejaule war selbst der umbalzten Isis nicht geheuer. Sie sprang von ihrem Stein und trabte gemächlich an einer zerfallenen Mauer entlang. Aber wo sie auch hinkam, hinter jeder lauerte schon ein samtpfötiger Troubadour und fing an zu maunzen. Die meisten sahen jedoch bald ein, daß sie bei Isis keine Chancen hatten.

Schließlich blieben zwei Minnesänger übrig: Ramses und der eigentlich viel stärkere Kater Apis. Trotzdem ließ sich Ramses auf einen wütenden Kratz- und Beißkampf ein, aus dem beide arg zerzaust und blutig geschunden hervorgingen.

Klarer Sieger war aber Apis geblieben.

Wer nun aber meint, Isis sei automatisch der Preis für den Sieger, der kennt die Seele der Katzen schlecht. Isis liebte offenbar Ramses innig und spazierte mit ihm davon. Mithin war das ganze Theater, das die »Männer« um sie veranstaltet hatten, eigentlich für die Katz!

Ohne das Einverständnis des Weibchens ist nämlich gar nichts zu machen. Eine Katze läßt sich nicht vergewaltigen. Sie klemmt, wenn sie nicht will, einfach den Schwanz unter den Bauch und benutzt ihn so als Keuschheitsgürtel.

Sobald beide allein waren, sprang Ramses seine Isis wie ein Tiger aus drei Meter Entfernung an, verbiß sich in ihrem Nackenfell und drückte sie wie ein Beutetier zu Boden. Doch Isis fauchte ihren stürmischen Liebhaber an, haute ihm Ohrfeigen runter und riß aus. Diese Kokettierflucht ging mehrere Nächte lang, ohne daß der Kater sein Ziel erreichte.

Doch in den Pausen hockten sie nebeneinander. Und mit einemmal, ganz ohne spektakuläres Theater, ja, geradezu zärtlich, schmiegten sie sich zusammen und paarten sich.

In den nächsten Stunden wiederholte sich das oft. Doch während bei Ramses das Feuer der Liebe von Mal zu Mal schwächer brannte, steigerte sich Isis bis zur Nymphomanie.

Was nun geschah, spielt sich auch bei unseren Hauskatzen am hellen Tage und vor aller Augen ab. Es ist jener kleine Ausschnitt aus dem Liebesleben der Katzen, den jeder kennt und der diesen Tieren den Ruf der Unersättlichkeit eingetragen hat.

Nach zwei Tagen hockte der arme Ramses total abgeschlafft in einer Ecke und stierte apathisch vor sich hin. Isis aber, die vor kurzem noch vor ihm ausgerissen war, bedrängte ihn nun pausenlos.

Sie gab Köpfchen, umschnurrte und umschmeichelte ihn, strich mit ihrer Flanke elastisch an seinem Körper entlang und präsentierte ihr Hinterteil. Als ihn schließlich sogar dies kalt ließ, schob sie sich von vorn im Rückwärtsgang unter den widerwilligen Liebhaber. So endete Ramses' Liebe, die mit dem Tigersprung begonnen hatte, ganz erbärmlich.

69. Mangel an Gefahr verdirbt die Sitten

Wer sich je die Zeit genommen hat, Wildpferde in freier Bahn zu beobachten, wird Augenzeuge höchst seltsamer Haremssitten: Ein Pascha hat unter fünf, höchstens acht Weibchen schwer zu leiden.

Zwar läßt sich der Hengst anfänglich bei der Auswahl seiner »Haremsdamen« nur von Liebeserinnerungen leiten, indem er nur solche Stuten zu sich holt, die eine ähnliche Fellfarbe wie seine erste »Jugendliebe« haben.

Aber daß dies kein Rezept für ewiges Glück ist, beweist der

graue Pferde-Alltag: Die Stuten schikanieren ihren Pascha bei jeder Gelegenheit. Und er zahlt es ihnen mit Huftritten heim.

Dennoch gibt es auch unter Pferden echte Freundschaften. Des öfteren duldet der Pascha auch halbstarke Jünglinge als Beimännchen in seiner Herde, sofern ihm diese ihre Unterwürfigkeit bekunden, indem sie ihm das Hinterteil breitbeinig präsentieren.

Von besonderer Zärtlichkeit ist meist nur das Verhältnis des bis zu sechs Zentner schweren Hengstes zu seiner derzeitigen Lieblingsstute – fast durchweg einem jungen, frischen Ding, das von ihm mit Figuren, die jeder Dressurreiter kennt, prahlerisch umschwänzelt wird.

Bei älteren Stuten gibt er sich kaum noch Mühe mit der Werbezeremonie. Einige von diesen scheinen ihm das zu verübeln. Das kann ihn, wenn er nicht aufpaßt, das Leben kosten. Kommt er zu sorglos von hinten an eine vernachlässigte Stute heran, keilt sie hinten heraus und versetzt ihm einen Schlag, der ihm ein Vorderbein brechen kann. Fast jeder Leithengst trägt von solchen Schlägen halbkreisförmige Narben auf der Brust.

Es ist also angeraten, vor dem Beginn intimer Beziehungen die Erlaubnis der Stute abzuwarten. Sie signalisiert die Einladung zur Paarung durch freundlich nach vorn gelegte Ohren, breitstehende Hinterbeine, Wasserlassen und leichtes Anheben des Schwanzes.

Es gibt allerdings auch Haremsweiber, die diese Erlaubniszeichen als bewußte Täuschung mißbrauchen, nur um dem Pascha einen vollen Tritt verpassen zu können.

Trotzdem: Auf dem Höhepunkt der Brunst wird sogar die Widerspenstigste gezähmt, allerdings auf barbarische Weise. Während er aufreitet, beißt sich der Hengst wie ein Löwe in der Mähne oder im Schulterfell des Weibchens fest oder beißt ihm sogar so tief in den Hals, bis Blut fließt. Und das bei einem reinen Vegetarier!

Überdies ist es mit einer Paarung nicht getan. In einer Brunst, die bei der Stute etwa alle drei Wochen eintritt und jeweils zwei bis drei Tage dauert, muß der Pascha pro Tag bis zu zwanzigmal bei derselben Stute seine Pflicht erfüllen.

Nur wenn zwei seiner Stuten gleichzeitig brünstig werden, sucht sich der Hengst die angenehmere für seine riskanten, kräftezehrenden Liebesspiele aus. Die andere, der »Drachen«, wird dann zum Mauerblümchen.

Unter diesen Umständen ist der Verschleiß an Paschas ein ungeheurer. Doch die Natur hat vorgesorgt: Zwischen den Haremsverbänden patrouillieren Junggesellengruppen. Deren jeweiliger Anführer ist jederzeit bereit, die Nachfolge eines Paschas anzutreten, meist nach einem heftigen Kampf der beiden Hengste.

Einige dieser Verhaltensweisen lassen unsere Pferde in ungewohntem Licht erscheinen, ja, sie wirken sogar abstoßend. Das mag folgende Ursachen haben:

Da der Mensch seine schützende Hand auch über die Herden der Wildpferde, etwa in der südfranzösischen Camargue oder bei den amerikanischen Mustangs, hält und in Europa wie in Amerika alle Feinde des Pferdes fast völlig ausgerottet hat, kann sich der Pferde-Pascha nicht als Verteidiger seines Harems bewähren.

Ein naher Verwandter des Pferdes, der Zebrahengst, stürmt mit bewundernswertem Mut zum Beispiel gegen angreifende Hyänen vor und rettet die Seinen fast täglich vor Raubtierzähnen. Deshalb steht er bei allen seinen Weibchen in hohem Ansehen. Unschöne Szenen unterbleiben hier völlig.

So müssen wir feststellen: Eben weil unsere Wildpferde doch nicht ganz wild leben, weil sie zu gut behütet werden, zeigen sie eine recht bedauerliche Form der »Friedens-Entartung«.

70. Tauben lieben die Freiheit

Als der Felsentäuberich Columbus auf dem Flug von Karlsruhe nach München die Schwäbische Alb überquerte, entdeckte er einen Wanderfalken. Sofort legte er die Flügel an und ließ sich wie ein Stein fallen. Mit einer Geschwindigkeit von 185 km/st raste er auf die Felsen zu, der Falke nicht minder schnell hinter ihm her.

In letzter Zehntelsekunde entdeckte Columbus einen halbmeterbreiten, zehn Meter tiefen Spalt im Gestein, stürzte sich hier hinein, bremste in der Klamm elegant ab und landete sicher. Der angeblich so mutige Falke wagte nicht, in den Spalt zu folgen. So kam die Felsentaube mit dem Leben davon.

Unsere Haus- und Brieftauben, die von den Felsentauben abstammen, sind zu solch akrobatischen Flugleistungen längst nicht mehr imstande. Dafür können die Brieftauben aber viel besser aus der Fremde in ihre Heimstatt zurückfinden ... glaubte man bisher fälschlicherweise. Columbus hat das Gegenteil bewiesen.

Bevor der Täuberich auf die Reise geschickt wurde, probierte der Forscher den Trick mit dem Sex aus: Columbus durfte mit Columba, seinem Weibchen, ein feuriges Liebesspiel veranstalten. Unmittelbar vor dem Höhepunkt der Turtelei aber riß man den Liebhaber von seiner Braut und transportierte ihn von München nach Karlsruhe – in der Hoffnung, das gestörte Liebesspiel möge in Columbus den Drang wecken, möglichst schnell zu seiner Braut zurückzukehren, wenn er nur könnte.

Und ob er konnte! Die 260 Kilometer lange Strecke durcheilte er in nur dreieinhalb Stunden. Das ist ein Schnitt von 76 km/st. Zur Belohnung durfte dann die Hochzeit ungestört vonstatten gehen.

Damit ist bewiesen, daß wilde Felsentauben genausogut aus der Fremde heimfinden können wie hochgezüchtete Brieftauben. Ohne den Trick mit dem Sex wartet man auf sie im Heimatschlag allerdings vergeblich. »Vermißt und verschollen« heißt es dann. Was tatsächlich unterwegs passiert, wurde offenbar, als man etwas später Columbus und Columba gemeinsam auf die Reise schickte und vom Hubschrauber aus beobachtete, was die beiden unterwegs trieben.

Diesmal sollte der Flug von Fulda nach München führen. Zunächst starteten die beiden Vögel auch exakt in Richtung auf Bayerns Hauptstadt. Aber in der Nähe von Würzburg entdeckten sie unter sich auf dem Felde eine Schar von etwa dreißig verwilderten Haustauben. Das war für die beiden Reisenden ein sicherer Tip: Dort gibt es was zu fressen. Also landeten sie und gesellten sich zu den anderen.

Wenn man Tauben zu eng in einen Käfig zusammensperrt, sind sie alles andere als Friedensengel. Sie hacken sich mitunter auf grausame Weise tot. Aber in der Freiheit von Feld und Flur oder auf den Plätzen unserer Städte sind sie sehr duldsam. Sie nehmen jede fremde Taube auf, die zu ihnen kommt, auch wenn es sich nicht um verwilderte Haustauben handelt, sondern um Felsentauben, also um eine Art »Neandertaler« der Taubenwelt.

Columbus und Columba schien es hier zu gefallen. Man beobachtete sie hier noch einige Wochen lang. Sie verspürten offenbar nicht die geringste Lust, in ihren Münchner Schlag zu den Menschen zurückzukehren.

Der Unterschied zwischen den auf Hochleistung gezüchteten Brieftauben und den »Wilden« besteht darin, daß letztere von ihrer Freiheit, zu tun oder zu lassen, was sie wollen, weitgehend Gebrauch machen, während die Brieftauben, die »Rennpferde des kleinen Mannes«, freiwillig auf die Freuden der Selbständigkeit verzichten.

Wissenschaftlicher ausgedrückt: Die Brieftauben haben eine viel stärkere gefühlsmäßige Bindung an Ziel und Heimat und an ihre Geliebte zu Hause, also eine Art Heimweh. Das ist es, was ihnen angezüchtet worden ist, und nicht etwa die Fähigkeit der Orientierung und Navigation, von der wir ja noch nicht einmal exakt wissen, wie diese Vögel ein solches Kunststück fertigbringen.

X.

Wie Tiere zu Freunden wurden

71. So kam der Mensch auf die Ziege

Diese Geschichte trug sich vor 9000 Jahren in Griechenland zu. Eine Gruppe von Jägern pirschte sich im Parnassos-Gebirge an eine Herde von Wildziegen an.

Es war eine qualvolle Jagd für die nur mit Keulen und Speeren bewaffneten Männer. Aber es blieb ihnen keine andere Wahl, denn die Wildschafe, die weiter unten an den grasigen Hängen weideten, waren ihnen entkommen. Also mußten sie nun den blanken Fels steil bergauf klettern. Erst in den höchsten Regionen, wo die Schafe nichts mehr zu fressen fanden, drangen die Jäger in das Reich der Wildziegen ein.

Diese Tiere darf man sich nicht wie Hausziegen als blödes, mickeriges Meckervieh vorstellen. Vielmehr hatten sie große Ähnlichkeit mit den stolzen Steinböcken in den Alpen: Bis zu 1,5 Meter lange Hörner krönten sie zu Königen der Berge, und eine Steilwand, durch die heute eine Seilschaft in einer Stunde hindurchkraxelt, durcheilten sie im eleganten Laufschritt innerhalb von wenigen Minuten.

Endlich glaubten die Jäger, die Herde auf einem Gipfel eingekreist zu haben. Aber die Ziegen waren scheu wie Rehe und flohen durch eine Schlucht, noch bevor die Männer auf Speerwurfweite herangekommen waren.

Doch plötzlich gab ihr Anführer ein Zeichen. Hinter einem Felsen hatte er noch ein Paar Hörner entdeckt. Drei Speere schwirrten durch die Luft und trafen ihr Ziel: ein Wildziegen-Weibchen, das gerade in dieser Minute zwei winzige Geißlein zur Welt gebracht hatte.

Was nun geschah, wurde zu einer Sternminute der Menschheit: Während die anderen Männer dabei waren, das Fleisch der toten Geiß zu teilen, ergriff ein Jüngling die beiden süßen Babys und hielt sie zusammen liebevoll an seine Brust. Vom selben Moment an wichen die beiden Tierchen ihrem menschlichen Freund keinen Schritt mehr von der Seite, und zwar ihr ganzes Leben lang nicht.

Da sie Männchen und Weibchen waren, wurden sie nunmehr zum Hausziegen-Adam und zur Hausziegen-Eva.

Welches Wunder sich hier vollzogen hat, kann man erst ermessen, wenn man weiß, daß es bis heute außer in Athen und Berlin noch keinem Zoo gelungen ist, eine gefangene Wildziege im Gehege am Leben zu erhalten.

Das Tier hat nämlich einen unbändigen Drang nach Freiheit, viel vehementer noch als ein Tiger oder Wolf. Erst kürzlich versuchte man es wieder einmal in einem amerikanischen Zoo. Bereits am dritten Tag der Gefangenschaft überwand die Wildziege einen vier Meter hohen Maschendrahtzaun teils im Sprung, teils kletternd! In anderen Zoos machte man die Zäune noch höher. Aber die Wildziegen rasten unablässig umher und sprangen so lange gegen das Gitter, bis sie sich das Genick brachen.

Was war es dann also, das sich damals vor 9000 Jahren ereignet hatte und die beiden Babygeißlein so vertrauensselig mit dem Menschen gehen hieß? Heute können wir uns nach den neuesten Ergebnissen der Verhaltensforschung wenigstens zum Teil ein Bild entwerfen, wie es damals gewesen sein könnte:

Ein neugeborenes Geißlein weiß natürlich nicht, wie seine Mutter aussieht. Aber es ist ihm angeboren, dasjenige Lebewesen, das es in den ersten fünf Minuten seines Erdendaseins riecht, als seine Mutter zu betrachten.

Der erste Eindruck, den das Geißlein von der Welt erhielt, war also der Körpergeruch des jungen Menschen. Also glaubte es fortan und sein ganzes Leben lang, Menschen wären seine Eltern und Artgenossen. So hatte es keine Angst mehr vor ihnen.

Solange sich dieser rätselhafte Vorgang nur an *einem* Geißlein vollzieht, ist es jedoch noch nichts mit der Haustierwerdung der Wildziege, denn die Sache hat noch einen Haken: Wenn dieses eine Tier groß ist, will es sich nur mit dem Menschen paaren, während es die Gesellschaft und Liebe von seinesgleichen strikt ablehnt und durch nichts in der Welt eines besseren zu belehren ist. Kurz: Es kann keine Kinder bekommen.

In dem geschilderten Glücksfall fügte es sich aber, daß dieses Geschick Zwillingen, und zwar einem Männchen und einem Weibchen, gleichzeitig widerfuhr. So dachte jedes, zwei Mütter zu haben: den Menschen und das Geschwisterchen.

Später, als sie groß waren, versuchten sie dann, sich nicht nur mit dem Menschen zu paaren, sondern auch untereinander – und das klappte dann endlich. Damit waren die Ziegen zu Haustieren geworden.

Wie hoch die Menschen früherer Jahrtausende den Besitz von Ziegen schätzten, geht daraus hervor, daß in der griechischen Mythologie Gottvater Zeus einen Seitensprung mit der Ziege Boetis riskierte und so Pan zeugte, den Gott der Herden, der

Fruchtbarkeit und der Sinnlichkeit. Auch am Himmelszelt bekam die Wildziege ihren Platz. Im Deutschen wurde der Name dieses Sternbildes mit »Steinbock« übersetzt.

Der richtige Name des Tieres lautet jedoch »Bezoarziege«. Gegenwärtig leben nur noch wenige hundert dieser Vorfahren unserer Hausziege. Als Nationaltiere Griechenlands werden sie auf der Insel Kreta und der kleinen Insel Dia bei Iraklion unter strengem Schutz gehalten.

Außerdem leben wilde Herden derzeit noch in der Türkei, in Persien und in Afghanistan. Sie sind aber so scheu, daß ein Mensch sie kaum zu Gesicht bekommt.

72. Guanakos auf dem Kriegspfad

An der Südspitze Südamerikas, dort, wo die schneebedeckten Kordilleren aus den gewaltigen Fjorden des Pazifik in den Himmel ragen, ist heute noch die Heimat jener Tiere, von denen die Lamas, die Haustiere der Indios, abstammen: der Guanakos.

Dies ist die Geschichte von Pancho Cordonez, einem 18jährigen Guanakofänger. Er kennt diese Tiere wie kein anderer auf der Welt. So wie er müssen bereits die Vorfahren der Inkas vor 4500 Jahren gearbeitet haben, um diese Tiere einzufangen.

Schon vier Tage lang hatte er die hochalpine Landschaft Patagoniens durchstreift, ohne einen Guanako zu sichten. Doch plötzlich stutzte er. In einer Senke entdeckte er mehrere etwa halbmeterhohe Kothaufen. Zwei davon dampften noch.

Pancho wußte sofort: Wildlamas haben die Angewohnheit, neben ihren bevorzugten Lagerplätzen immer nur dieselben »Toiletten« zu benutzen. So entstehen allmählich Misthaufen von beträchtlicher Größe. Auch hatten die Tiere den Ort erst vor kurzem verlassen. Wahrscheinlich hatten sie sein Kommen bemerkt und sich rechtzeitig aus dem Staube gemacht.

Wenn er jetzt hier in einem Versteck auf ihre Rückkehr lauern wollte, könnte er warten bis zum Schwarzwerden. Guanakos fliehen nämlich nicht kopflos. Der Hengst, der einen Harem von etwa zwanzig Stuten und deren Fohlen anführt, deckt als letzter den Rückzug und behält dabei ständig wie ein Indianer auf dem Kriegspfad den Feind im Auge. Ein Gegner, von dem man weiß, wo er steckt, ist nur noch eine halbe Gefahr.

Sicherlich beobachtete ihn nun der Hengst. Also tat Pancho so, als ginge er wieder fort. Im Schutz der Nacht schlich er sich aber gegen den Wind wieder an. Gelegentliches Prusten und Grunzen zeigte ihm an, daß auch die Guanakos wieder da und in seiner unmittelbaren Nähe waren.

Als über den Gipfeln der Berge der fahle Schimmer des neuen Tages dämmerte, brauchte Pancho nur noch etwas mehr Büchsenlicht. Doch plötzlich trappelte es. Steine polterten hangab; und um ein Haar hätten ihn drei verspielte Fohlen, die sich schon in aller Frühe vergnügten, über den Haufen gerannt.

Ihr Alarmwiehern vibrierte durch den Morgendunst, und schon galoppierte die ganze Herde in eng geschlossener Formation davon, der Hengst hinterdrein.

Nun blieb Pancho nichts anderes übrig, als die strapaziöse Verfolgung aufzunehmen. Denn den Schlafplatz, an dem die Guanakos einmal so sehr erschreckt wurden, suchen sie nie wieder auf.

Der Hengst blieb stets so weit zurück, daß er sowohl seine

Herde vor sich als auch den Jäger hinter sich im Auge behielt. Würde Pancho diesem Hengst nun immer folgen, würde ihn das Tier regelrecht an der Nase herumführen. Denn während der Hengst so tut, als würde die Herde geradeaus weiterlaufen, schlägt diese einen Haken. Und wenn sie dann in Sicherheit ist, rast der Hengst davon und läßt den Jäger allein auf weiter Flur.

Die Flucht der Tiere kann in Gebirgshöhen bis zu 4000 Meter führen, wo vielen Menschen die Luft wegbleibt. Die Guanakos können aber auch weite Wüsten durchstreifen und ihren Durst an salzigen Seen löschen, was kaum ein anderes Tier vermag. Überdies bringen sie es fertig, durch das eiskalte Meer zu schwimmen, um die Inseln Feuerlands zu erreichen.

Pancho überlegte also, was die Wildlamas wohl vorhaben könnten. Da sah er rechts in einem Seitental einen riesigen Berghang mit Schottergestein. Das ist genau der Boden, über den die Guanakos noch schneller hinwegsetzen können, als ihnen selbst ein Puma zu folgen vermag.

»Also die List der Tiere überlisten und ihnen den mutmaßlichen Weg abschneiden«, dachte Pancho. Hinter der Deckung einer Moräne sich anschleichend, stieß er direkt vor dem Geröllhang auf die Herde und ließ seinen Hund los.

Der wußte, was er zu tun hatte. Im Spurt erreichte er eine Stute, die ein erst wenige Tage altes Fohlen bei sich hatte, und verbiß sich in ihrem Hinterbein.

Das etwa zwei Meter lange Muttertier hätte den Köter mit einem einzigen Huftritt abstreifen können. Aber wie gelähmt blieb es am Ort und wartete, bis Pancho zur Stelle war und das Fohlen griff. Dann ließ der Hund los. Die Stute raste davon und Pancho hatte in seinen Armen, was er haben wollte.

Als von der Herde nichts mehr zu sehen war, setzte Pancho das Fohlen auf den Boden, lief ein paar Schritte und sah zu seiner Freude, daß das Fohlen hinter ihm her hopste.

Man kann nämlich nur ganz junge Wildlamas zum Haustier zähmen, weil sie jedem erstbesten Lebewesen hinterherrennen, wenn man sie von ihrer Mutter getrennt hat.

73. Hochadel im kostbarsten Pelz

Als Schnuppi, das Chinchilla-Kind, in einem Felsspalt in 6500 Meter Höhe geboren wurde, war es bereits ein flauschiges Wollknäuel: dick eingemummt in den schönsten und kostbarsten Pelz der Welt.

Schon gleich am ersten Lebenstag gelüstete es ihn, auf Abenteuer zu gehen. Zusammen mit Vater und Mutter und seinen drei Geschwisterchen schlüpfte er aus dem Spalt hervor. Rings umher die majestätischen Eisriesen der Gipfelregion der Hochanden Südamerikas.

Es sah so aus, als würde Schnuppi rutschen oder rollen. Seine Beinchen waren noch so winzig, daß sie gar nicht aus den zwei Zentimeter langen Plüschzotten des Fells hervorschauten.

Plötzlich schrillte ein Pfiff. Wie der Blitz verschwanden seine Eltern und Geschwister in einem Spalt. Schnuppi durchzuckte Todesangst. Er verlor den Halt und stürzte eine senkrechte Felswand zehn Meter tief nach unten. Dort blieb er wie gelähmt liegen.

Was er noch nicht wußte: Mit diesem Pfiff alarmieren Wachtposten die etwa hundertköpfige Chinchilla-Kolonie vor heranschwebenden Sperbern und Bussarden. Aber ganz instinktiv fuhr Schnuppi der Schreck in die Knochen.

Nun tat er so, als sei er tot. Das hat ihm wahrscheinlich das Leben gerettet.

Als er eine Stunde so gelegen hatte, kräuselte ein eiskalter Wind sein silbergraues, seidiges Fell. Die Nacht dämmerte. Da fiepte er ganz fein in den höchsten Tönen. Ein paar Steine polterten, und schon waren seine beiden Eltern bei ihm. Sie hatten den Notruf ihres Kindes gehört und waren sofort gekommen.

Sogleich bemerkten sie, daß Schnuppi im Abendwind jämmerlich fror. Da nahmen sie ihn, Mutti links und Vati rechts, hauteng in die Mitte, so daß Schnuppi in den beiden Pelzen völlig verschwand. Wie ein wolliges Vogelnest auf acht Beinchen sah das Geleit aus, das sich nun in Bewegung setzte.

Erst umrundeten sie einige Steinbrocken. Doch dann wanderte das »Nest« die Steilwand, die das Chinchilla-Baby hinabgestürzt war, ebenso senkrecht wieder nach oben.

Zum Klettern an blanken Felswänden besitzen diese Tiere nämlich Fußsohlen mit einem Haftprofil, das erheblich besser ist als das unserer Autoreifen.

Zur Nacht schlüpfte die wiedervereinigte Familie im Spalt der Nachbarn mit unter, weil diese das geräumigste Quartier besaßen. So waren sie insgesamt zwölf Tiere, die im dichten Knäuel zwischen-, unter- und übereinander schliefen, daß man meinte, sie müßten ersticken. Aber trotzdem schnorchelten sie alle in wohliger Wärme.

Das wertvolle Fell der Hochalpinisten muß natürlich gut gepflegt werden. Bis zu vier Stunden bringen die Chinchillas täglich damit zu, sich im feinen, trockenen Sand zu baden und hernach das Fell mit den Pfoten auszubürsten. Sonst verklebt es und wärmt nicht mehr, und sein fauler Besitzer muß sterben.

Sogar das Liebeswerben zwischen Männchen und Weibchen beginnt mit gegenseitiger Fellpflege, mit zärtlichem Kraulen. Schnuppis Eltern lebten nämlich sehr treu in Einehe.

Ob sich Männchen und Weibchen so sympathisch sind, daß das Gefühl der gegenseitigen Bindung lebenslang hält, stellen beide in eben diesem tagelangen Krauletest klar.

In der Chinchilla-Ehe ist übrigens das Weibchen der »Herr im Haus«. »Sie« bestimmt alles, und das Männchen hat zu kuschen. Diese Eigenart soll sich angeblich auch auf den Menschen übertragen, wenn er einen Mantel aus 150 Chinchilla-Fellen anzieht. Eine Dame, die ihren Herren zu solch horrender Geldausgabe bewegen kann, versteht es schon, ihren Willen durchzusetzen.

Zur Zeit der alten Inkas waren die Chinchillas in den Hochanden von Peru, Chile, Bolivien und Argentinien noch zahlreicher als bei uns jetzt die Karnickel. In Kolonien zu hundert Tieren bevölkerten sie die Felshänge. Vor Menschen zeigten sie keine Angst. Unbekümmert huschten sie dem Bergsteiger um die Stiefel.

Um das Jahr 1900 kamen jedoch Chinchilla-Mäntel bei den Damen der oberen Zehntausend in Mode. In den Anden begann ein fürchterliches Gemetzel unter diesen Tieren.

1905 exportierte Chile 216 000 Felle. 1909 konnten nur noch 27 000 Felle erbeutet werden. Für ein Fell wurden 160 Goldmark gezahlt. Allein das Rohmaterial für einen Mantel kostete also 24 000 Mark. 1930 wurden für ein Fell 800 Mark geboten, aber nicht gezahlt, da die Tiere ausgerottet waren.

Fast ausgerottet. Ein Amerikaner konnte in dreijähriger Jagd noch elf Tiere lebend fangen. Sie gelangten auf abenteuerlichen Wegen unversehrt in die USA und wurden dort zu Ahnen der 2,5 Millionen Chinchillas, die gegenwärtig dort von 18 000 Züchtern als Haustiere gehalten werden.

74. Wildschafe sind des Wolfes Tod

Wenn Wildschafe blöken, heißt das soviel wie: »Der Wolf ist da!« So erklang es auch an einem Oktobertag in einer bizarren Schlucht des Altaigebirges in Zentralasien.

Für die Herde der dreißig Weibchen und Jungtiere war der Tag schon aufregend genug gewesen. Die Paarungszeit hatte gerade begonnen, und am Vormittag waren gleich zwei Widder in die Herde eingebrochen. Aber statt zu lieben, hatten sie nur einander bekämpft.

Ein Altai-Widder, auch Argali genannt, sieht im Vergleich zum Hausschaf etwa so aus wie das Matterhorn neben einem Misthaufen: Er wiegt bis zu 230 kg, ist zwei Meter lang und mit erhobenem Kopf fast so groß wie ein Mensch. Das Haupt schmücken zwei gewaltige, schneckenförmig gewundene Hörner, die entlang der Krümmung eine Länge bis zu 1,90 Meter aufweisen. Selbst ein stolzer Rothirsch ist ein armer Wicht dagegen.

Diese gewaltige Stirnwaffe hatten die beiden Widder nun gegeneinander eingesetzt. Erst umkreisten sie sich abschätzend und bolzten mit den Hörnern mehrmals laut krachend gegen den Fels, als wollten sie mit dem Kopf durch den Berg: »So werde ich dich gleich zermalmen!«

Dann wurde es ernst. Beide Gegner erhoben sich voreinander auf die Hinterbeine zur imponierenden Größe von 3,50 Metern und donnerten dann, Kopf gegen Kopf, zusammen, daß es klang wie die Axt im Walde. Ein Menschenschädel würde unter dieser Wucht zerbrechen wie ein rohes Ei. Aber die Wildwidder legten nur wegen leichter Bewußtseinsstörungen eine kleine Besinnungspause ein und krachten dann erneut aufeinander, bis nach dem 28. Mal einer der beiden benommen aufgab und von dannen trollte.

Aber kaum hatte der Sieger damit begonnen, ein brünstiges Weibchen aus der Herde herauszusprengen, um sich mit ihm in einem Versteck zu paaren, als das Alarmblöken eines Wildschaf-Wachtpostens erklang: »Der Wolf ist da!« Im selben Augenblick ließ der stolze Bräutigam seine Braut im Stich, schaute nicht einmal hin, wie nah der Wolf denn wäre, sondern raste in vollem Fluchttempo auf und davon.

Seine gewaltigen Hörner sind seltsamerweise nur dazu da, um gegen Sexualrivalen zu boxen, nicht um Feinde abzuwehren.

Völlig anders aber verhielten sich die Weibchen. Obgleich sie viel kleiner als die Widder sind und auch nur schwache Hörner tragen, sind sie viel tapferer.

Auf das Blöken hin schlossen sie sich alle dreißig zu einer dichtgedrängten Gruppe zusammen. Da sie keine Chance in der Flucht sahen, starrten sie alle mit hochgeworfenen Köpfen den

Wolf an und ließen ihn auf zwanzig Meter herankommen. Dann spurteten sie wie auf Kommando in dichter Kolonne los, stürzten sich auf den Räuber und trampelten ihn über den Haufen.

Jawohl: Viele Wildschafe besiegen einen Wolf! Sogar Sibirischen Tigern ist diese Blamage schon widerfahren. Gegen ein ganzes Rudel von Wölfen sind die Schafe jedoch machtlos. Kleinere Herden werden von zehn oder zwanzig Wölfen umzingelt und bis auf das letzte Tier niedergemacht.

Dieser Herdentrieb der Wildschafe bei Feindgefahr war vor etwa 10 000 Jahren übrigens eine Voraussetzung zur Haustierwerdung. Eine zweite Voraussetzung bestand darin, daß bereits ein anderes Wesen zum Haustier geworden war, nämlich der Hund. Als »Ersatz-Wolf« leistete er gute Dienste beim Zusammenhalten der Herde.

Haustiere sind immer Kümmerlinge der wildlebenden Rassen. Für das Schaf gilt das in besonders schroffem Maße.

Allerdings gibt es auch schon unter den Wildschafen erhebliche Größenunterschiede. Der geschilderte Argali im Altaigebirge ist die größte Unterart. Im Hochland von Pamir und im Kara-Tau leben zwei etwas kleinere Unterarten, im nordiranischen Elburs-Gebirge eine noch kleinere, und das Mufflon auf der Insel Korsika ist eine der kleinsten Rassen. Aber selbst die ist noch viel stattlicher als das Hausschaf.

Als Bewohner der zentralasiatischen Hochgebirgswüsten besitzen die wildlebenden Verwandten außergewöhnliche Eigenschaften. Vier Wochen lang kommen sie ohne Wasser aus. Wenn sie großen Hunger haben, fressen sie notfalls Dornengestrüpp, messerscharfe Gräser und sogar Giftpflanzen wie Wolfsmilch und Tollkirschen, ohne daran zu sterben.

Die stete Nahrungsknappheit der Wüste bedingt allerdings auch ein unbarmherziges Verhalten gegenüber Waisenkindern. Fremde Mütter adoptieren niemals die Lämmer ums Leben gekommener Herdengenossinnen. Sie haben einfach nicht genug Milch für zwei.

Wenn ein Mutterschaf stirbt, bleibt das Lamm so lange beim Leichnam, bis es selbst verendet. Forscher trugen einmal ein

Waisen-Lamm drei Kilometer weit zur Herde zurück. Anderntags blökte das Kleine wieder am Todesort seiner Mutter, obgleich man diese längst entfernt hatte.

Dieser Instinkt hat sich auch bei den Hausschafen bis auf den heutigen Tag erhalten.

75. Lori, der Honigschlecker

Den wohl bemerkenswertesten Zoo der Welt führt Dr. David Griffith in der Nähe der ostaustralischen Großstadt Brisbane. Er sperrt seine Tiere nicht hinter Gitter. Vielmehr lockt er sie aus der den Park umgebenden Wildnis herbei, so daß sie freiwillig zu ihm kommen.

Seine Methoden zeigen besonders schön, wie man es machen muß, um die Freundschaft wildlebender Tiere zu gewinnen.

Fast täglich flog ein etwa dreißigköpfiger Schwarm Regenbogen-Loris über das Schutzgebiet. Das sind jene kunterbunt in allen Farben des Regenbogens schillernden Papageien, deren Zungenspitze zu einem regelrechten Pinsel »ausgefranst« ist, damit diese Vögel aus großen Blüten Nektar und Blütenstaub herausschlecken können.

Die Honigschälchen, die Dr. Griffith überall aufstellte, bemerkten die Loris nicht. Sie achteten nur auf die Menschen, vor denen sie Angst hatten. Da fiel dem Vogelforscher eine List ein:

Eines Tages, als der Schwarm gerade über seinem Garten kreiste, ließ er vom Tonband den Ruf des Weißbrauen-Habichts ertönen. Wie Steine ließen sich die Loris in das Buschwerk bei seinem Hause fallen ... wo sie nunmehr viele Schälchen mit Honig vorfanden.

Seither kommen sie regelmäßig aus der Wildnis in den Tiergarten geflogen, um sich ihr Futter zu holen. Ja, die Besucher können die Loris sogar aus der Hand füttern. Aber nur innerhalb des kleinen Zoos. Draußen halten die Vögel wieder Abstand zu den Menschen.

Während eines solchen Besuches geschah es, daß ein Vogel in den Goldfischteich fiel. Der Forscher watete hinein, um das Tier zu retten. Aber kaum hatte er den Lori in seiner Hand, fing der fürchterlich an zu schreien. Im selben Augenblick flatterte es um ihn her, und dreißig Papageien setzten sich ihm auf Kopf und Schultern und hakten sich mit ihren Krallen überall am Anzug fest.

Aber anders als in Hitchcocks Gruselfilm »Die Vögel« dachten die Loris gar nicht daran, nach dem Menschen zu hacken. Es war, als wären sie nur gleichsam zur Sicherheit für den Fall gekommen, daß dieser Mensch ihrem Schwarmgenossen vielleicht doch etwas Böses antun würde. Aber das wollten sie erst abwarten.

Dr. Griffith warf den Vogel in die Luft, und sogleich schwirrte der ganze Schwarm mit dem geretteten Kumpanen davon. Anderntags waren sie alle wieder da, um sich ihren Honig zu holen.

Wieso konnten diese Vögel im gesamten Schwarm die Situation

so treffend erfassen? Vorerst dürfen wir nur vermuten, daß sie sich mit einer Art Sprache über das aufregende Ereignis informiert haben und darüber, daß der Mensch kein Feind, sondern der Lebensretter sein könnte.

Eines ist nämlich merkwürdig: Als einzeln im Käfig gehaltene Tiere gehören die Loris wie auch andere Papageien zu den besten Imitatoren der menschlichen Sprache. Aber im Schwarm und in Freiheit hat noch kein Mensch jemals auch nur ein einziges Wort der Menschensprache aus ihren Schnäbeln gehört.

Dr. Griffith ließ einen Experten kommen, der schon vielen im Käfig lebenden Papageien ganze Sätze in Menschensprache beigebracht hatte. Er versuchte nun seine Kunst auch an den freien Loris, wenn sie sich im Tiergarten aufhielten. Es war alles vergebens. Die Vögel lernten nicht ein Wort.

Wir können hieraus nur schließen, daß dieses schreckliche Krächzen, mit dem sich die Papageien gegenseitig in den Ohren liegen, auch eine Sprache ist, die nur eben wir Menschen nicht verstehen. Noch nicht. Und daß diese Vögel offensichtlich kein Interesse daran haben, eine »Fremdsprache« zu erlernen, solange sie sich in ihrer eigenen Sprache unterhalten können.

Noch eine weitere erstaunliche Fähigkeit der Loris, die nur in Freiheit angewendet wird, konnte jetzt entdeckt werden:

Es geschieht gar nicht so selten, daß ein Lori beim Blütenbesuch mit Bienen in Streit gerät und gestochen wird. Diese Verletzung kuriert er mit einem Wundermittel seiner Naturheilkunde: Er beleckt die meist am Bein liegende Stichstelle mit seinem Speichel. Spezielle Wirkstoffe hierin unterdrücken den Schmerz und die Schwellung.

Kann der Vogel die Wunde mit seiner Pinselzunge nicht erreichen, hilft ihm der Ehepartner, mit dem er in lebenslanger Einehe zusammenlebt, oder auch irgendein anderes Schwarm-Mitglied.

Sozialer Zusammenhalt, Hilfsbereitschaft und Freundschaft sind unter diesen Papageien vorbildlich. Weil sie ihre Zuneigung und Anhänglichkeit auch auf den Menschen übertragen können, wurden sie uns zu so liebenswerten Hausgenossen.

Personen- und Sachregister

Vitus B. Dröscher

Überlebensformel
Wie Tiere Umweltgefahren meistern.
336 Seiten, 28 Abbildungen,
davon 9 in Farbe, gebunden.

»Dröscher hat es verstanden, eine enorme Fülle von Entdeckungen und Erkenntnissen der modernen Verhaltensforschung in spannende und nicht selten amüsante Tiergeschichten umzuformen.«
Neue Zürcher Zeitung

»Eine Sammlung vielseitiger, reizvoller Geschichten von der Klugheit der Tiere, ihrem Sozialverhalten und Anpassungsvermögen, amüsant dargestellt.«
Wild und Hund

»Ein interessantes und erregendes Buch – wie Tiere die Gefahren ihrer Umwelt meistern.«
Die Welt

»Dröscher belehrt nicht mit erhobenem Zeigefinger, er erzählt Geschichten oder Erlebnisse – faszinierende oft auch viele heitere – und macht damit verständlich, wie Tiere mit Streß fertig werden, wie sie Sozialverhalten entwickeln und wie sie all das lernen, was sie zum Überleben brauchen.«
Deutsche Zeitung

Vitus B. Dröscher

Mit den Wölfen heulen
›Fabelhafte‹ Spruchweisheiten aus dem Tierreich
144 Seiten, 33 Zeichnungen, gebunden.

»Ein originelles Buch, das den Spruchweisheiten auf den Grund geht, deren Begriffe mit Tieren zusammenhängen. Und tatsächlich entpuppt sich manche dumme Redensart als ›Kuckucksei ‹ und wird der Leser zum ›schlauen Fuchs‹.«
Stuttgarter Zeitung

»Wenn man mit den Wölfen heult, kann man tatsächlich mit dem Leben davonkommen. Aber gegenüber der ›Vogel-Strauß-Politik‹ ist ein kritisches Gefühl am Platze: Der Strauß steckt den Kopf nämlich nicht in den Sand, sondern beobachtet aufmerksam – aus der Schlangenperspektive – die Umgebung. Dröscher koordiniert überkommene Volksweisheiten aus dem Tierreich mit den Ergebnissen und Erlebnissen von Forschern.«
Frankfurter Neue Presse

»Mit Humor und vielen Anekdoten berichtet Vitus B. Dröscher von Dingen, über die eigentlich jedermann Bescheid wissen sollte. Er rückt viele Irrtümer zurecht und ›killt‹ liebgewordene Legenden.«
Wild und Hund

Wolfgang Feucht

Große Liebe zu kleinen Hunden
Das ECON-Brevier für Hundefreunde
230 Seiten, 20 Zeichnungen, gebunden.

»Ein kurzweilig zu lesender Leitfaden, wie kleine Hunde in der Stadt so gehalten werden können, daß ihren Veranlagungen und ihrem Laufbedürfnis Rechnung getragen wird.«
Das Tier

Der Autor gibt zahlreiche Anleitungen und Tips, mischt Anekdotisches mit eigenem Erleben und bietet die Kenntnisse, die notwendig sind, für ein kameradschaftliches, verständnisvolles und beglückendes Leben mit Hunden.«
Passauer Neue Presse